Inquiry Concerning Creation and Creating

何辉/著

创意思维：
关于创造的思考
第3版

人民出版社

第 3 版序

这本书初版于 1998 年。初版的书名叫《关于创造的思考》。

书出版后，被一些读者称为"奇书""怪书"。当年我的一些朋友、师兄弟甚至戏称此书乃"费脑"之书。若换用当今热词，那就是"烧脑"之书。我对于这样的评论，也不感到奇怪。毕竟，创意思维、创造性活动像是永恒的黑匣子，是最难说清楚、道明白的。

令我倍感振奋的是，我在 1998 年本书初版中提出的宇宙"光斑"推想在此后的十几年内获得来自科学界新发现的印证。我试图在宇宙运动形式与人类创造性思维规律之间建立联系的思辨也激发了越来越多人的兴趣。

此后几年，我对该书做了一些修订，增添了一些内容，探讨广告、电影及其他一些商业性创意。2005 年，本书第 2 版出版，书名调整为《创意的秘密：关于创造的思考》。

如今，18 年的光阴已经飞逝，本书第 3 版出版了，书名调整为《创意思维：关于创造的思考》。本书第 3 版的问世，实是源于市场的推动。因为，前两版市场上早已售罄。但是，还是经常会有人询问此书。我的一些作家朋友、艺术家朋友、广告人朋友、影视界朋友与我探讨创作问题时，也经常提起此书。

这第 3 版，内容与第 2 版相比，我在字句方面进行了一些修订。就书中的思想而言，我认为没有太多需要修订的地方。但是，书名又改了。关于书名的改动，我也请教了编辑。作出这样的改动，不仅仅是书的名字问题，实际上也想强化这样一个观点，人类所有创造性活动都离不开创意思维。

创意思维：关于创造的思考

如果一个人想超脱平庸，你就必须要有创意思维。

创意思维，需要训练。

思考，可以训练你的创意思维。

本书不厚，却是"烧脑"。

如你不甘于平庸，请冒险翻开此书。阅读，并思考。

并记住：

创意，可以是一种信仰。

创造，乃是存在的动力。

何　辉

2016 年 1 月 18 日

第 2 版序

这本书的第 1 版是在几年前写的。出版之后，听了很多朋友的评论，还收到一些读者的来信，有一个读者还给我寄来他的著作和我探讨问题。

其中有一位学艺术的大学生在信中写道：

……（我）有时对艺术创意在当代社会中的价值有些困惑，读了您的书我产生了一种从事艺术创意的冲动。……

另一位读者信中这样说：

……虽然我无法肯定是否确切理解了你某些话的含义……但是，你关于不确定性和创造性思维的论述像树根一样扎在我的脑海中了。

这些来信给了我很大的鼓励和启发，使我在以前思考的基础上，又进一步思考了一些新的问题。

在本书第 2 版中，我加入了对这些问题进行思考的新成果。这些新思考是尝试分析各种主要商业艺术的创意秘密，探讨商业艺术创意和商业意志的关系，并且尝试解决当代人对于商业艺术创意和商业意志之间矛盾的困惑。

在本书第 2 版中，奉献给读者的新的思考成果是第一章"商业艺术的创意秘密"。在几年前思考基础上进行的新的思考使我产生一种关于创意探密的信念，认为创意的秘密必须在"形而上"和"形而下"的统一中寻找。

本书第 1 版书名是《关于创造的思考》。第 2 版书名定为《创意的秘密：关于创造的思考》。这种改动一方面是为了使书名更加简洁，另一方面是因为第 2 版增添了很多新内容（新内容超过第一版内容的三分之一）。对第 1 版中原有的内容，我也在有必要的地方做了少许的修改。为了便于读者理解和阅读，也为原来各章内容加入了小标题，但是读者不要把被小标题隔开的内容看成彼此孤立的内容，它们原本就是一个整体。希望我的思考能带给读者新的价值。

本书第 2 版的出版，我要特别感谢中国传媒大学出版社社长蔡翔先生，是他力促我在原来的基础上进行新的思考，并促我最终用文字把这些新的思考呈现出来。我也要感谢中国传媒大学出版社编辑赵欣，她为本书的出版付出了辛勤的劳动。我还要感谢魏东先生为本书设计了富有创意的封面，使本书的思想通过封面得到了更好的体现。

何　辉

2005 年 1 月

第1版序

我有时在寂静中默默沉想……我看到墙上挂着一幅画。

一幅美丽无比的画：青色朦胧的早晨的天空，蓝紫色平静的水面，有金色的星星闪烁……水面上怎会有无数条银光在流动呢？那光啊，像瀑布般倾泻……我走近那幅画，慢慢地、慢慢地……那不是画？！它何时变成了窗外活的景物？我把眼光投向那神秘瑰奇的景象：金色的巨龙和百尺长蛇在水中嬉戏，红色的鲤鱼欢乐地跳跃，它们就在我的窗下……水的深处，是七彩的曼陀罗在开放吗？遥远的地方，有红色的巨星在缓缓旋转……水面上金光流溢……想起李商隐的一句诗："一杯春露冷如冰"……金光弥漫了我的眼……

神奇的世界，神奇的万物。创造的动因是什么？宇宙的一切都是"创造"吗？人类在创造着什么？人类为什么要这样或那样创造呢？人类创造难道有权利破坏自然的均衡与和谐吗？破坏自然的均衡与和谐最终会给人类带来什么呢？什么样的创造观才是既有益于自然、又有益于人类的创造观呢？创造力来自何方？创造性思维的秘密是什么？我突然想写点什么。我仿佛被赋予了一项使命。有一股抑制不住的愿望之流在我胸中涌动。于是，我想，我必须写。

然而，在"创造"面前，我是如此多次地感到我之"思"的无力，不是因为"思"的鸟折断了自己的翅膀，而是因为"思"的鸟飞在一个无终无极的"空"中，不管它如何努力扇动着翅膀，前方仿佛是绝对的无终无极。在这个瑰丽奇妙的无终无极的"空"中，有那么多的"思"之鸟在飞翔，有的翅膀玲珑小巧，有的巨翅斑斓，有的翅膀流光飞彩，有的飞得像夜莺一样轻快，有的却像挂了沉沉的铅球。它们有时拥挤得互相碰撞，有时却各自孤独地飞翔。在这瑰丽奇妙的"空"中啊，偶尔还飞过一些千奇百怪的飞毯，它们有时托起"思"之鸟加速了它的飞翔，有时却铺天盖地迎面而来，把"思"之鸟兜在其细密罗织的身躯中。我的"思"之鸟也在这瑰丽奇妙的"空"中飞翔，经受碰撞，经受孤独，感受乘驾飞毯的畅意，体验摆脱困束的艰难……

我还是写了。这就是现在的《关于创造的思考》。

我知道我只是想写出我的所思所想，并不是要教训别人应这样想或应那样想，但是我希望我所写的能给人以启迪。

我知道我在表达自己所想的东西的时候是如何乏力。美妙的词汇往往是没有用的。有人说得对：形容词可能会成为名词最大的敌人。我也较赞同这样的观点：一个词语的意义不可能完全等同于另一个词语的意义；一个语法结构所传达的意义不可能完全等同于另一语法结构所传达的意义。

因此，在本书中，您将会碰到许多中心词加很多定语的名词性结构，在有些情况下，这些名词性结构是可以用意义相近的其他语法结构来代替的；但为了减少理解上的差异，我还是选用了中心词加定语的笨办法。此外，我也必须常常用抽象的语言来表达抽象的思想。种种原因使原本就感到语言简陋乏力的我又必须去冒语言晦涩的风险。

我知道，我所想所写的有许多浅陋无知之处。然而，如果我由于"思"而产生的浅陋无知能引起看我的文字之人的思考，并给他们以启迪，那么由于我之浅陋无知而招来非议甚或是诅咒又有什么关系呢？我想，因不"思"而无知是可悲的，因"思"而发现无知则是令人欣慰的。

何 辉
1998 年 1 月

目　录

CONTENTS

第一章　商业艺术的创意秘密

创意是一个环，永无休止。

其实这"第一章"也许应该看作是本书的最后一章才更加合适。你听到我这样说可能会感到诧异。当然，这并非想玩什么噱头。其实，我对于本章所涉及问题的思考，的确发生在本书其他部分所论及的思考之后。那么为什么把探询商业艺术的秘密放在本书开头的位置呢？原因出于两个方面：表面的原因是因为商业艺术离我们的日常生活更近，更容易被我们所感受和理解；但是更为主要的原因则在于我希望通过这种内容的设置令本书的读者注意到一个事实，即商业艺术已经成为当代人类创意的一股主要力量，不论你对它充满了爱，或充满了恨，它都不容我们将其忽视。那么我为何又要说也许把这部分内容作为最后一章更为合适呢？因为，商业艺术对于人类的创意活动①来说，似乎具有某种终结的性质。商业艺术几乎包罗万象，几乎涵盖了人类所有传统的艺术形式。商业艺术——如果你认为它包含艺术的话——作为艺术的重要领域，作为创造活动在现代社会的主要表现形式，具有无限的张力和吸纳力。而商业艺术的相关者——商业，作为一类广泛的人类创造活动，则包含着更大的野心，似乎试图将所有的人类创造活动盖上自己的烙印。那么，商业活动会终结人类其他的创造活动吗？我认为不会。我想说的是，创意是一个环，永无休止。因此，如果你愿意将本段开头的第一句话以及这一章节在本书中的安排看成是一个寓言，我并不反对。商业艺术具有某种创意终结的特征，但是由于有永恒的不确定性的存在，艺术对"美"、对"知"的终极性的追求就不会停止，而商业艺术也将永远包含无数的创意起点。

---

① 从更为宏观和普遍意义上说是人类的创造活动。本书在较为微观的、具体的层面使用"创意"一词。在较为宏观的、抽象的层面使用"创造"一词。本书在此章之后，一般使用"创造"一词。在英文中，"创意"、"创造"并无明显的区别，而是根据内容和词性的需要，使用 create、creation、creating、creative 等一系列同源词。

商业艺术的创意通常更倾向于披着华丽的外衣、借助丰富的表现形式，以更为普遍的方式，更加平易近人地出现在大众的周围。深入思考创造的动因、泛创造的规律、人类创造的规律以及创造力和创造性思维的规律（这些思考会在本书的其他章节中展开），将有助于我们探索商业艺术的创意秘密。

商业艺术的常见种类有很多种，我在此则将与你一起重点探讨广告（科学的广告观认为广告也是一门科学，但这一点并不排斥将广告视为一种商业艺术，至少可以承认其使用了商业艺术）、电影（当然也有作为艺术的电影）等几种最为重要的商业艺术的创意秘密。我在本章中的基本论点是，各种商业艺术的核心创意秘密存在于对某种不确定性的否定（即寻找某种确定性）、新的不确定性的产生以及对新的不确定性的再否定这种带有某种神秘感的循环往复之中，而在这个过程中，既体现商业的意志，又保持了艺术的特质。不同的商业艺术的创意、同一种商业艺术之内的不同作品的创意，由于对不同层面、不同性质的不确定性的否定程度和形式不同，则呈现出丰富多彩的形态。

广 告[①]

梦想寄居的"梦乡"

广告帮助消费者在虚拟世界与现实世界之间寻找某种奇特的确定性——这种确定性像悬浮在真空中的失重的物体，只有借助占有广告所指的产品，才能感觉到自身的"分量"。

广告创意的秘密也就在于通过某种方式的创造呈现那种奇特的确定性。广告创意的方式多种多样，但是不论是哪种方式或方法，不论广告创意人以何种语言表述各自的观点，广告创意所创造的存在并不完全代表现实，也不完全代表虚构的世界，它具有某种程度的抽象性，以便使看广告的人、听广

---

① "广告"这部分内容包含了我近几年教学和研究的心得，一小部分内容在我之前的著述中出现过。但是即便是它们，在此也不是简单的重复，因为它们至此（在本书中）已融入我所形成的创意观念的体系之中。

告的人（产品潜在的消费者）于这种抽象中有安置自己的或多或少的空间。

于是，表现手法在广告创意的过程中便退居其次，寻找某种和潜在消费者相关的奇特确定性会上升为主位。广告创意人挖掘消费者的梦想，通过广告创意为梦想找到寄居的"梦乡"。

现实主义、超现实主义、喜剧、悲剧、实拍、动画、严肃的、滑稽的、戏剧式、纪录片式，等等，各色各异的表现手法本身并非广告创意的出发点，只要对寻找某种和潜在消费者相关的奇特确定性有所助益，就皆为广告创意人所用。

甚至，在社会科学领域所关心的社会制度和意识形态的问题都可能在广告创意中不具有加以区别的重要意义，除非出于法律或社会习俗、伦理道德、民族心理、国家感情等方面的考虑。因为寻找确定性，克服不确定性具有某种普遍的意义。资本主义国家的广告如此，社会主义国家的广告亦是如此。如果存在区别，那么必然在于广告创意所创造的某种和潜在消费者相关的确定性的呈现方式有所不同。广告创意的秘密在于为潜在消费者创造了用以克服内心无限的、无法预料的不确定性的或多或少的确定性。

丰富的广告创意方法

博学的塞缪尔·约翰逊博士于 1759 年说："广告业现在几乎达到了完美的境界，很难提出任何改进措施。"某种意义上说他显然错了——因为我们的社会一直在发展，广告也一直在发展，广告业所取得的成就，已远远超过了塞缪尔·约翰逊的设想；但是从广告创意的角度说，他在某种程度上又没有错。当代的广告创意人仍然在沿用着百年前广告创意先驱们所发现的广告创意秘诀，虽然这些秘诀可能被赋予不同的名字或出现一些相关变体。

自 19 世纪末期以来，世界广告创意的舞台上一直群星璀璨——虽然他们只是在自己的那片天空中闪烁自己的光芒。19 世纪和 20 世纪之交，美国出现了全国性品牌广告，步入商标广告的黄金时代。各种广告创意的秘诀被纷纷发掘出来。考尔金斯巧妙地运用和发展了广告艺术。软销售开始获得广告界的青睐。此后，约翰·E. 肯尼迪、拉斯克尔、霍普金斯等人为广告的发展做出了贡献。约翰·E. 肯尼迪利用他的"原因追究法"寻找与潜在消费者相关的某种特别的确定性；拉斯克尔和霍普金斯倡导了"广告是印刷的推销术"

这一里程碑式的广告观念，明确了广告活动和广告创意的商业目标；霍普金斯还以"预先占用权"这一创作方法获得杰出的广告成就。随后，兰斯丹·雷索利用软销售加原因追究法以及优惠券的技巧享誉广告界；希尔道·麦克马纳斯汲取心理学的思想用于广告创作。这一时期，一些学者及其理论也对广告业和广告创意方法的发展起了重要作用。例如弗洛伊德的精神分析理论、荣格的完形心理学、斯各特的广告心理学理论，约翰·B. 沃森的行为主义心理学等等。当时代的步伐迈入 20 世纪中期，有几位被奉为广告界传奇的人物倡导的广告创意方法成为经典，其中最为重要的包括李奥·贝纳（Leo Burnett，1892—1971）倡导的固有刺激法，罗瑟·瑞夫斯（Rosser Reeves，1910—1984）倡导的独特销售说辞，大卫·奥格威（David Ogilvy，1911—1999）倡导的品牌形象法，威廉·伯恩巴克（William Bernbach，1911—1982）倡导的实施过程重心法，艾尔·里斯（Al Reis）和杰克·特劳特（Jack Trout）倡导的定位法。各种各样的广告创意方法吸收各种各样的理论或技巧为自己服务，恰好支持了一种观点：表现手法在广告创意的过程中并不占据首要地位，寻找某种和潜在消费者相关的奇特确定性才是关键。而和潜在消费者相关的奇特确定性又离不开推销商品这一商业目标。因此，具有普遍意义的广告创意秘密的核心又不可避免地蒙上了功利主义色彩——即使这种色彩有时又被其他看似更为高尚的色彩所覆盖。

广告创意的艺术包容力

世界广告创意的发展一直和各时期的艺术有着千丝万缕的联系。在从 19 世纪 30 年代晚期开始的维多利亚时代中，商业意志其实极大程度上主导了艺术创作。实际上，当时的人们把艺术当作重要的（几乎是唯一的）广告技巧用来吸引潜在消费者。这种状况几十年后才出现了改变。19 世纪 80 年代，英国的美术工艺运动对材料质量、印刷格式、印刷设计、印刷工艺显现出来的新观念曾经长时间、大规模地影响了广告的设计和外观。19 世纪 90 年代，倡导自然浪漫的新艺术运动（或叫近代艺术）以及讲究造型和轮廓的英国民间美术工艺运动也影响了英美等国的广告海报招贴的创作风格。新艺术运动对于广告创意的影响深刻，集中表现在当时的广告海报创意中（见图 1 - 1、图 1 - 2、图 1 - 3）。在整个 20 世纪，装饰主义运动、结构主义、立体主义、超现实主义、达达派等美术流派以及各种流派的影视艺术（如蒙太奇）都不同程度地参与了世界广告的创意。各个时期许多一流的艺术家都为广告注入了新鲜的生命力。世界优秀广告之所以丰富精彩，令人喝彩，很大程度是因为在科学的基础上对于各种优秀艺术有宽广的包容和吸纳。当代的广告创意吸纳的艺术形式已经变得越来越丰富，从传统的绘画艺术、美术设计艺术，到电影艺术、电视艺术、卡通/动画艺术等等，广告创意作为一种商业艺术形态，几乎是无所不包。

图1-1 1885年胜利牌自行车的广告中，布莱德利（William Bradley）运用了新艺术的设计风格，画面中使用了平铺的色彩、流动感很强的曲线

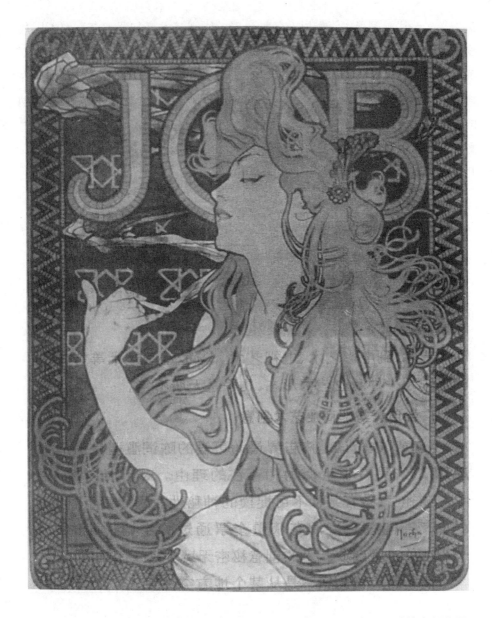

图 1－2 19 世纪 90 年代的艺术家马查（Alphonse Mucha）设计的海报作品也反映了新艺术的典型风格：简化的设计、流动的曲线以及花卉表现艺术

图 1 - 3　1883 年，亨利·德·特罗斯 - 劳特里克（Henri de Toulouse - Lautrec）设计的海报"咖啡馆里的薄纺绸"，是新艺术流派的代表

广告创意与非商业艺术创意

"创意"这个词是广告界最为可爱的陈词滥调。正是"创意"使广告具有了生命力和存在的理由。对于大多数人来说，广告创意具有某种不可捉摸的神秘性。因此，关于到底什么是广告创意一直没有获得全票通过的定论。探询广告——这种典型商业艺术的创意秘密无疑少不了困难和障碍。

精彩的广告创意不是从某个地方突然冒出来的，它们绝大多数以质量、价格、或具有竞争力的优点的形式存在于产品或服务中。创意也可能藏身于目标市场之中，比如消费者的需要、希望、梦想以及他们的恐惧都可能是创意的源头。

在非商业艺术领域，创意这个词较少用，用得更多的是"创造"或"创作"。在英文里，"创造"、"创作"和"创意"都可以是同一个词：create。根据韦氏大辞典的解释，"创造"的意思是"赋予存在"，具有"无中生有"、"原创"的意思。"有"、"无"、"存在"这些概念是很值得作进一步思考的，至少有一点可以肯定，广告创意和一般的非商业艺术创意具有某种共同的特征，但是同时它又具有自身的秘密。

一般在非商业艺术创意中，艺术作品的创作者可以把自己的价值观、世界观、人生观、审美意识、兴趣爱好等相对自由地表现在自己的作品中。（艺术也并非绝对自由，艺术家探索具有终极性质的意义，进行生命价值和存在意义的思考。从根本意义上讲，艺术不是艺术家为了体现个人意志，而是以个人的探索去服务于超越单一个体面临的问题。一些现代性艺术仅仅追求个人自身的价值，成为个人的标榜，在我看来是对艺术本质的一种曲解。）艺术作品正是表现了创作者对世界、人类和生命的独特理解（表现在作品中则张扬了创作者的个性和创作姿态）才有其独特的地位。但是，达·芬奇和梵·高不一定会成为广告大师，虽然后人可以利用他们的伟大作品来做广告。

"广告创意"和一般非商业艺术创意的区别首先是运用范畴的区别。广告创意是带着"镣铐"跳舞，不是创意人员的天马行空。广告创意是广告活动的一个环节，而广告活动又是具有商业目的和目标的、是有计划性和程序性的，所以广告创意必然受到各种条件的约束。广告创意人员必须在有限制的自由空间内发挥自己无限的创意潜能。

　　美国著名的广告创意指导戈登·E. 怀特（Gorden. E. White）将创意比喻为广告策划中的 X 因子。由于媒体策划和广告预算等因素的不同，各种广告创意方法的潜在效力不像其他广告活动决策那样比较并确定。戈登·E. 怀特的比喻暗示了广告创意依赖于创造力的一面，正是因为创造力使广告创意看起来像一个不确定的 X 因子。同时，他的比喻也强调了不同广告创意方法很难进行潜在效力的比较。这也就是为什么许多杰出的广告几乎胎死腹中的原因。而许多被客户否定的广告创意是否会有效也都将成为永远无法解开的谜。

　　美国广告创意大师李奥·贝纳认为，广告创意是一种特殊的艺术形式，广告创意的真正关键是如何运用有关的、可信的、品调高的方式，与以前无关的事物之间建立一种新的有意义的关系，而这种新的关系可以把商品某种新鲜的见解表现出来。这也正是我想说的广告创意所必须寻找的和消费者相关的某种特殊的确定性。

　　作为商业艺术的广告创意需要通过让广告信息被消费者注意来实现它所寻找的确定性，而且仅仅吸引消费者的注意还不够，还要通过直接冲击或隐蔽的"睡眠效应"实现劝服，从而实现确定性。注意力的流失关键的原因是广告创意没有找到和消费者相关的某种特殊的确定性。我曾在之前的著作中表达了自己对于广告创意的看法，认为广告创意是在广告创意策略的指导下，围绕最重要的产品销售信息，凭借直觉力和技能，利用所获取的各种创造元素进行筛选、提炼、组合、转化并加以原创性表现的过程。[①]

　　广告创意的作用何在？许多人会对此提出疑问。我们知道，广告是一种信息传播活动，然而，传播效果的如何却是一个变量。不论从哪个角度检视，广告创意都是影响传播效果这一变量的重要因素。

　　广告创意必须使广告客户的信息有效地发送出去，而且仅仅发送出去还不够，广告创意还必须使信息的接受者乐于接受信息。只有达成这种任务，广告才有可能影响消费者的认知、偏好以及具体的购买行为。广告创意人员置身于广告客户和消费者之间。广告创意人员必须基于广告客户的产品和服务，从消费者的角度进行思考。哈尔·斯特宾思广告创意者是这样一种人：他们对事实进行加工，将其化为一种创意构思，注入感情，让感情打动大众，

---

　　① 　何辉：《从分析作品开始学做广告》，中国广播电视出版社 2000 年版。

促使大众去购买。打动大众的方法有多种，可以利用感性诉求，又可以利用理性诉求。因此，哈氏的这种看法多少有偏颇之处，但是，广告创意的作用是"打动大众，促使大众去购买"的说法则非常准确地揭示了广告创意的任务。

广告创意、跨媒体创意与创造动因

广告创意在整个广告活动中是不可缺少的重要环节。广告创意工作通常在客户定向说明会之后开始。客户主管作为广告公司代表，在参加广告客户召开的定向说明会之后，向广告公司内部汇报定向说明会的内容，同时组建由市场营销、创意等部门组成的项目小组，进行综合性广告方案的策划。广告创意是综合性广告方案的关键一环。因此，广告创意作为一种商业艺术创意，其执行者必须了解这一创意过程和其他环节如何协调和衔接。

通常所说的广告创意是狭义的广告创意。狭义的广告创意通常和广告表现联系在一起。形象一点可以说，广告创意就像是广告作品的灵魂，广告表现是广告作品的肉体。因此同一"灵魂"可以有不同的"肉体"表现形态。广告作品是可以看得见的，而广告创意则是在视觉形象以及各种符号背后的思想。视觉形象以及各种符号是广告创意的外化显现，它们构成了广告作品。

广义的广告创意可以体现在整个广告活动中。它可以包括媒体创意、促销创意、公关创意等等。在实际操作中，其实广告创意的思想往往渗透整个广告活动。值得注意的是，随着近年来信息传递途径的增多、新技术的出现、消费者细分的加剧以及企业对促销重视程度的提高，越来越多的广告创意其实演变为一种跨媒体的创意活动。众多的学者和实践者从不同的角度，不同的立场对这一现象提出了不同的看法。但是，毋庸置疑的是，这种趋势的确对广告创意人产生了影响。因此，从更为宏观的、抽象的层面上讲，广告创意在现实的商业活动中表现出来的发展趋势，恰好证明了广告创意作为一种商业艺术，具有一般人类创造活动的特征，它因而也无法摆脱一般人类创造活动的规律的约束，也受一般人类创造动因的驱动。

广告创意——策略的发展

与任何艺术创意相类似，作为商业艺术的广告创意也需要一个艰苦的思考过程。不同的是，这一过程和大量的商业活动相关，和大量消费者研究、市场研究等商业分析密不可分。寻找销售信息就是要寻找和消费者相关的某种特殊的确定性，这是广告创意的必经之路。在开始广告创意之前，必须明确广告任务，发展销售信息。如果广告销售信息不明确，或者没有为消费者提供明显的利益，或者无法解决潜在消费者遇到的问题，则这样的广告几乎不可能成功。

然而，寻找到某种销售信息却并不等于广告创意的必定成功。有助于减轻潜在消费者具有的对某种不确定的惶恐心理的销售信息才是有效的销售信息，这是广告创意成功不可缺少的保证之一。没有一个公式可以帮助你产生奇妙的创意，但是，却有一套科学有效的、系统的方法来帮助我们发展有效的销售信息。这些有用的销售信息运用于广告，成为向消费者传达的广告信息。

因为广告创意是商业艺术，所以如果想产生有用的广告创意，广告创意人必须对营销原理有所了解，同时，必须从传播的角度去思考问题。广告创意人不一定是营销专家或是传播学者，但是必须了解自己的消费者，了解自己广告要对谁说话。广告创意人不一定要能说会道，但是必须懂得传播沟通。如果广告创意人不能实现有效的传播沟通，广告是不可能成功的。

广告创意人一定要对需要做广告的产品或服务作充分的了解。如果是适合自己使用的个人消费品，广告创意人要尽量去尝试使用广告的产品或服务，去体验消费者使用商品或服务的真实感受。这一点说起来简单，做起来却实在不易。

广告创意人同时也要分析竞争对手的情况，了解他们的产品或服务有何优点和缺点，了解竞争对手的广告是如何做的。这样，才能给自己的创意找一个恰当的方向，选择一种合适的策略，或是正面对抗，或是侧翼进攻，或是另辟蹊径。

广告创意人在筛选提取销售信息时，必须考虑如果消费者看到这项或那项销售信息时，会有什么反应和行动。同时，广告创意人应思考消费者为什么会有这样或那样的反应和行动。目标消费者在看了广告后，是不是开始喜欢这个产品了呢？他们会去商场买这个产品吗？他们会直接通过广告邮购吗？他们看了这则网络广告后会立即在网上订购吗？广告创意人应该尽量把可能出现的情况预先想到，并从中作出最好的选择。

广告创意人还应该想一想广告预算的多少。商业广告是一种付费的传播。广告创意人必须在广告预算限定的范围内开展创意，否则，广告创意是无法得以实现的。尤其是电视广告的制作花费巨大，动辄几十万、几百万，广告创意必须对自己的创意要花多少钱有个估计。广告预算是对广告创意人在金钱方面的限制，并不是对创意的限制。很少的预算下同样可能产生好的创意。

总之，广告创意人在创意之前必须多多考虑各种因素，尽量全面地掌握各方面的材料。当然，各种材料并不一定是靠个人获得的，它们往往是全体广告策划人员共同分析整理出来的，而且通常都经过客户的审核。

"秘密"的创意指导性清单

当经过调查研究，广告策略已经制定之后，如果你是广告创意人员，你就必须反复咀嚼广告策略的分析过程，然后在前面广告策略文本基础上拟订一份创意指导性清单（有时候，对于优秀的、有经验的天才广告创意人来说，这一"秘密"的清单往往凭借直觉就能在心中开列出来）。因为广告策略和创意策略常常是一个概念，所以有时广告策略文本本身就包含创意指导性清单，但是，你最好花点时间再细致地整理一遍。

大多数著名广告公司在长期的实践中都制定出创意策略的程序或方法，有的还制定了相对固定的策略发展格式。为什么他们要制定发展创意策略的程序或方法，甚至是看起来很死板的格式呢？这主要有以下几个原因：首先，一套相对稳定的发展创意策略的程序或方法，能够为广告创意提供指导，发挥指南作用，广告创意就有可能沿正确的方向进行。其次，一套相对稳定的发展创意策略的程序或方法，能够使参加广告创意的人员和相关人员在目标市场、销售信息等方面达成共识。再次，一套相对稳定的发展创意策略的程序或方法，可以使广告创意人员以全面的观点看问题，同时保证广告信息是从消费者的角度出发，而不是从广告主的角度发展出来。最后，一套相对稳定的发展创意策略的程序或方法，可以为广告活动的展开和控制提供蓝本，同时也有利于在实施过程中最迅速地对问题加以调整。因为，最精细的计划也不可能面面俱到，十全十美，更何况市场和人心皆处于流变之中。

创意指导性清单可能一般包括以下一些内容，这些内容大多是描述性的：

关键事实是首先需要明确的。在这一部分中，要从消费者的观点把一切有关产品、市场、竞争、用途等等资料整理出来，加以系统的陈述。关键之处是要发现是什么原因使消费者不购买本产品或选择本服务，或者发现是什么原因使消费者转换了品牌。在这里，一定要确认可以使广告解决的问题是什么，必须提取出一个也是唯一需要加以解决的问题，并且这一问题应该以消费者的观点陈述，而不要以广告主想当然的立场出发。其次要分析首要的营销问题。要以营销的角度出发，以营销者的观点加以陈述。这个营销问题可能是一个产品认知的问题，也可能是一个市场上的问题或一个竞争上的问题，无论如何它一定是广告可以施加影响的问题。而有些问题是广告无法解决的。所以一定要明确广告可以做什么，不可以做什么。最后，要明确广告目的。要将期望广告对目标消费者发生的影响作一个简明的描述。通常，广告目的是改变知名度、偏好度、信服度等传播方面的效果。广告目标通常比广告目的更加具体，比如"在未来三个月内使某某产品的知名度达到百分之多少"就是一个广告目标。创意指导性清单还要说明广告的目标市场。描述目标市场要尽量完整、仔细。广告创意需要对潜在的消费者做充分的了解，了解他（她）们在何地生活、何地工作，并且要描述他（她）们的年龄、性别、收入、婚姻状况、教育程度等等；要了解他（她）们的心理特征：包括气质、个性；还要了解他（她）们的媒体接触特点，这些媒体是消费者接触的媒体，不是媒体计划一定要加以使用的媒体。媒体接触的特点可以细致到具体的媒体种类、电视广播的时段甚至是具体的版面属性或节目。媒体接触的频次也是应该加以描述的因素。

　　所有这些广告创意所需要做的资料收集和思考工作，都是为了完成一个很重要的任务，即寻找和创造产品和潜在消费者的某种可能的特定关系，从而再通过创意的艺术将这种特定关系确定下来。所以，广告创意人必须要清楚地知道竞争对手给消费者的承诺是什么，以便于清楚地说明本品牌或产品有什么独特之处，才能为本产品或品牌在市场和消费者心智中找到属于自己的位置。

　　承诺通常是把产品或服务能为消费者提供的最为重要的利益用简练和明白的一句话加以表述。一个广告承诺应该提供消费者利益或能够帮助消费者解决的问题；这个承诺所提供的利益或所解决的问题对于消费者来说必须是重要的，并且是潜在消费者所欲求的；这个承诺必须是和产品或品牌相融合；如果广告采用竞争策略，承诺一定要具有明确的竞争性。

几种经典广告创意方法相似的 "内核"

最为经典的广告创意方法包括李奥·贝纳倡导的固有刺激法，罗瑟·瑞夫斯倡导的独特销售说辞，大卫·奥格威倡导的品牌形象法，威廉·伯恩巴克倡导的实施过程重心法，艾尔·里斯和杰克·特劳特倡导的定位法。

李奥·贝纳于 1935 年创办了自己的李奥·贝纳广告公司。后来，他又创办了芝加哥广告学校。李奥·贝纳以其特有的广告哲学闻名，他和他的追随者们被称为 "芝加哥学派"。

李奥·贝纳的创意给人的印象深刻。他通过热情、激情和经验，创造广告文案的 "内在戏剧性效果"。他认为，成功广告的创意秘诀在于发掘产品本身内在的固有的刺激，他自己把这种刺激称为：内在的戏剧性。李奥·贝纳认为，广告创意最重要的任务是把产品本身内在的固有的刺激发掘出来并加以利用。这种创意方法的关键之处是要发现企业生产这种产品的原因，以及消费者要购买这种产品的原因。

产品本身内在的固有的刺激的产生是建立在消费者的欲求和兴趣基础之上的。但是，此种创意方法的出发点是产品，从产品出发去寻找消费者心中对应的兴趣点，即认为产品中必然包含有消费者感兴趣的东西。因此，我们可以认为，这种创意的方法带有产品至上年代的思考特征。但是，从另一方面，这种创意方法也包含了以消费者为思考中心的萌芽。

李奥·贝纳认为，一般情况下，根据产品和消费者的情况，要做到恰当。只有一个能够表示它的字，只有一个动词可以使它动，只有一个形容词可以准确描述它。对于创意人员来说，一定要找到那个名词、那个动词以及那个形容词。我们换句话说，李奥·贝纳的意思是，你必须找到传达产品和服务内在特点的最为准确的方式，而只有一种方式可以使广告对于消费者来说具有最大的戏剧性效果。他鼓励广告创意人永远不要对 "差不多" 感到满足，永远不要依赖欺骗（即使是聪明的欺骗手段也不要用）去逃避困难，也不要依赖闪烁的言辞去逃避困难。

李奥·贝纳和他的公司利用的此一创意理念，汲取内心的激情，创作了许多著名的广告，造就了许多著名的品牌。李奥·贝纳以固有刺激法创作的最为经典的作品是"绿色青豆巨人"广告。该广告是李奥·贝纳为"绿巨人公司"所创作的。当时，那家公司的名称还叫做明尼苏达流域罐头公司。广告的标题是：月光下的收成。文案是："无论日间或夜晚，青豆巨人的豌豆都在转瞬间选妥，风味绝佳……从产地到装罐不超过三个小时。"李奥·贝纳解释道，如果用新罐装做标题是非常容易说的；但是月光下的收成则兼具新鲜的价值和浪漫的气氛，并包含着特种的关切。"在月光下收成"，这在罐装豌豆的广告中的确是难得一见的佳句。

罗瑟·瑞夫斯提出了"Unique Selling Proposition"，简称"USP"，中文之意为"独特销售说辞"（也有人翻译为"独特销售主张"）。

罗瑟·瑞夫斯曾经是弗吉尼亚银行的一个文员。在移居纽约后，他开始在广告公司工作。1940年，他加入了贝茨公司。在长期的实践中，他不断发展自己的创意哲学。他强调研究产品的卖点，对家庭消费非常看重。他帮助总督香烟、高露洁牙膏重塑了形象。1952年，罗瑟·瑞夫斯为德怀特·艾森豪威尔所做的竞选总统的电视广告宣传计划被采纳，从而对美国政治广告活动产生了巨大的影响。

1961年，在达彼思广告公司任职的罗瑟·瑞夫斯写了一本名为《广告实效》（Reality in Advertising）的书，此书极为畅销，对于广告界影响巨大。在这本书中，罗瑟·瑞夫斯提出了"独特销售说辞"的广告创意理念。罗瑟·瑞夫斯的"独特销售说辞"包含三部分的内容：首先，每一个广告都必须向消费者提出一个说辞。说辞不只是依赖文字，不只是对产品的吹嘘，也不只是巨幅的画面。每则广告一定要对一个广告信息接受者说："买这个产品，你将从中获得这种明确的利益……"其次，提出的这个销售说辞必须是竞争对手没有提出或无法提出的，并且无论在品牌方面还是承诺方面都要独具一格。再次，提出的销售说辞必须要有足够的力量吸引众多的消费者，也就是说，销售说辞应该有足够的力量为你的品牌招来新的消费者。罗瑟·瑞夫斯认为，一旦找到"独特销售说辞"，就必须把这个独特的说辞贯穿于整个广告活动，必须在广告活动中的各个广告中都加以体现。

"独特销售说辞"的著名案例之一是罗瑟·瑞夫斯为M&M巧克力所做的广告。这个广告创意的诞生颇具传奇色彩。

1954 年的一天，M&M 糖果公司的总经理约翰·麦克那马拉（John Mac-namara）来到罗瑟·瑞夫斯的办公室找他。约翰·麦克那马拉认为原来的广告并不成功，他想让罗瑟·瑞夫斯为自己的巧克力做一个广告，广告创意必须能为他招徕更多的消费者。于是，双方进行了一番谈话，在谈话进行了十分钟之后（注意，广告客户的定向说明会以非正式的方式出现，这种谈话的性质正是一种关于产品的独特的定向说明会），罗瑟·瑞夫斯认为在这个产品之中，他已经找到了客户想要的创意。当时，M&M 巧克力是美国唯一一种用糖衣包裹的巧克力。罗瑟·瑞夫斯认为独特的销售说辞正在于此。下一步，怎样把这一独特的销售说辞体现在广告中呢？最后，在 M&M 巧克力的广告中，他把两只手摆在画面中，然后说："哪只手里有 M&M 巧克力呢？不是这只脏手，而是这只手。因为，M&M 巧克力——只溶在口，不溶在手。"

我们不难发现，罗瑟·瑞夫斯的独特销售说辞和李奥·贝纳的固有刺激法有一个相似之处，即一开始把很大的重点落在产品之上，先找到产品的独有的特点，然后再以不同的方法去引起消费者的兴趣。

富有传奇色彩的广告大师大卫·奥格威以创作简洁、富有冲击力的广告而闻名于世。他是奥美广告公司的创办人。他的广告作品的特点是文辞华丽却又切合实际，尊重消费者且不失幽默机敏。他为世人流下了许多杰出的广告创意：哈撒韦衬衫、壳牌石油、西尔斯连锁零售点、IBM、罗斯—罗伊斯汽车（见图 1-4）、运通卡、国际纸业公司等等。大卫·奥格威同时也擅长以事实为依据的长文案，他发展了艾尔伯特·拉斯克尔的"印刷推销术"的理论。他的品牌形象法是随着他所写的《一个广告人的自白》一书而于 20 世纪 60 年代开始在广告界风行的。

大卫·奥格威认为每一个广告都是对整个品牌的长程投资，任何产品的品牌形象都可以依靠广告建立起来。他认为品牌形象并不是产品固有的，而是在外在因素的诱导、辅助下形成的。根据品牌形象的理论，由于一个产品具有它的品牌形象，消费者所购买的是产品能够提供的物质利益和心理利益，而不是产品本身。因此，广告活动应该以树立和保持品牌形象这种长期投资为基础。

利用品牌形象法获得成功的著名案例是李奥·贝纳广告公司创作的万宝路香烟广告。万宝路一度曾是带有明显女性诉求的过滤嘴香烟。自 1950 年代

图1-4　著名的罗斯-罗伊斯汽车的广告和它的著名的广告大标题

中期开始，万宝路香烟开始和"牛仔"、"骏马"、"草原"的形象结合在一起，从而，万宝路的世界逐步扩大，获得了前所未有的成功。万宝路的粗犷豪迈的形象从此深入世人之心。正是"牛仔"、"骏马"、"草原"的形象，使潜在消费者确信这些是他们所需要的，和这些形象联系在一起的产品也成为潜在消费者的为了形成这种确定性的占有对象。

威廉·伯恩巴克可能是时至今日在广告创意领域最有影响的人物。在《广告时代》上个世纪末的评选中，他被推选为广告业最有影响力的人物的第一位。1939 年以前，伯恩巴克在多个广告公司任过职。1945 年，他加入葛瑞广告公司并迅速成为创意副总监。1949 年，他和多伊尔以及马克斯韦尔·戴恩成立了多伊尔·戴恩·伯恩巴克（DDB）广告公司。

伯恩巴克赞同这样的创意过程：将客户的产品与消费者联系起来，明确人类的品质与感情扮演怎样的角色，然后决定如何利用电视或平面形式向消费者传递信息并赢得他们。伯恩巴克认为广告信息策略的"如何说"这个实施的部分可以独立成为一个过程，形成自己的内容。这就是所谓的实施过程重心法。"我警告你们，不要相信广告是科学。"伯恩巴克就是采用这样自信而绝对的说法来强调自己的广告哲学。他首倡美术指导和文案人员的协作。他认为，广告的秘诀不在于"说什么"，而在于"如何说"。但是，他其实并不是否定研究和分析的重要性，他说："逻辑与过分的分析使创意失去灵性和毫无作用。"他的意思是不要把研究和分析当作救命稻草，不要让数字束缚了创意的灵活性。

他认为周密的创意实施过程离不开以下四点：首先，要尊重消费者。广告不能以居高临下的口吻与你的交流对象说话。其次，广告手法必须明确、简洁。广告必须把要告诉消费者的内容浓缩成单一的目的、单一的主题，否则广告就不具有创新。再次，广告必须与众不同，必须有自己的个性和风格。广告最重要的东西是要有原创性和新奇性。最后，不要忽视幽默的力量。幽默可以有效地吸引人的注意力，使人得到一种收听、收看和阅读的补偿。

伯恩巴克和他的创意伙伴们利用实施过程重心法的著名作品是为大众金龟车所做的系列广告。

金龟车被初次介绍到美国市场时，被认为有四个特征：外观不漂亮、体积太小、后引擎驱动、外国制造。这四个特征皆不被看好。在此之前，美国所有的汽车广告都是展现富丽堂皇或赏心悦目的图景。然而，伯恩巴克却在产品特点的基础上，抛弃传统的诉求方式，以幽默和别致的创意制造了广告史上的奇迹。

金龟车的系列广告画面都很简洁，只是单纯的金龟车，通常是黑白两色，最著名的一条广告主标题是"想想小"（Think Small）（见图 1 – 5）。

图 1 – 5　实施过程重心法的代表作品——甲壳虫轿车的广告："想想小"

标题简单却富有深意。其中一则名为柠檬篇的广告以"柠檬"（Lemon 俚语，意为不合格被剔除的产品）为标题，画面是一辆看不出任何瑕疵的金龟车，那么，为什么说它是"柠檬"呢？广告文案写道："这部车子没有赶上装船，因为某个零件需要更换。你可能不会发现那个零件的问题，但是我们的品质管理人员却能检查出来。在工厂里有 3389 人只负责一件事，就是在金龟车生产的每一道过程严格检验。每天生产线上有 3000 个员工，而我们的品质管理人员却超过了生产人员。任何避震器都要测试，任何雨刷都要检查……最后的检验更是慎重严格。每部车经过 189 个检查点，在刹车检查中就有一辆不合格。因此，我们剔除'柠檬'，而你得到好车。"

在名为蛋壳篇的广告中，广告标题是"某种外型很难再改良"。广告文案形是这样的："问任何一只母鸡都知道，你实在无法再设计出比鸡蛋更具功能的外形，对金龟车来说也是如此。别以为我们没有试过（事实上金龟车改变将近 3000 次），但是我们不能改变基本的外观设计，就像蛋形是它内容物最合适的包装，因此，内部才是我们改变的地方。如马力加强而不耗油，一档增加齿轮同步器，改善暖气，诸如此类的事。结果我们的车体可容纳 4 个大人和他们的行李。一加仑可跑大约 32 英里，一组轮胎可跑 4 万英里。当然，我们也在外形上做了一些改变，如按钮门把，这一点就强过鸡蛋。

艾尔·里斯和杰克·特劳特于 19 世纪 70 年代初在《产业营销》（Industrial Marketing）和《广告时代》（Advertising Age）上发表了一系列的文章，介绍和阐述了"定位"（Positing）观念。这种观念自从提出后，被不断加以修正和发展，时至今日已经成为一种最为基本的广告创意方法。

他们认为，广告应该为竞争中的产品确立一个独特的位置。所谓的定位，就是利用广告为产品在消费者的心智中找到并确立一个位置。一旦定位成功，当消费者面临的某一特定问题需要解决时，就会自动想到这个产品。

艾尔·里斯和杰克·特劳特用艾维斯租车公司（Avis）的"我们第二，但更努力"的广告以及米歇罗伯啤酒（Michelob）的"第一家美国造特佳啤酒"的承诺作为自己理论的证据。7up（七喜）的"非可乐"定位也是定位策略的经典案例（见图 1-6）。

艾维斯租车公司（Avis）的"我们第二，但更努力"的广告是威廉·伯恩巴克创作的。这一主题的广告使几乎破产的艾维斯有效地对抗了出租车行业的老大赫兹（Hertz）并取得了自己的独特地位。

威廉·伯恩巴克的"我们第二，但更努力"的作品是典型的"如何说"的创意思路，因为从"说什么"的角度考虑，"第二"是一个并不值得宣扬的特征。

以上五种经典的广告创意方法有着相似的"内核"，关键都在于寻找和消费者相关的某种特殊的确定性，而方法的分类只是为了更好地理解其中的创作思路。

广告创意的核心思维过程

和消费者相关的某种特殊的确定性到底是什么？广告怎样把要"说"的

Made to go the colas one better. Fresh. Clean. Crisp. Never too sweet. No aftertaste. Everything a cola's got and more besides. 7UP…The Uncola. The un and only.

The Uncola

图 1-6　七喜的非可乐定位

"说"出来呢？这就涉及广告创意的核心过程，即"说什么"向"怎么说"过渡的整个过程。要实现"怎么说"这一步，你就必须运用自己的创造力构思。虽然有许多规律性的方法可以帮助这个核心过程的进行，但是此过程就像一个神秘的黑匣子，没有任何确定的公式或方程能够完全解释其中的真正奥秘。然而，也许正是有一定的无法揭开的不可知性，所以核心的创意过程才会令无数人如痴如醉。

广告创意是一种传播活动。广告的构思方法，就是如何去发现有效传播信息的方法。因为广告创意也是一种创作活动，所以，一般意义上的创作构思方法对于广告创意是适用的。注意，适用于广告创意的是一般意义上的构思方法，并没有什么特别之处，只不过构思在策略限定的空间进行。常用的构思方法有这样一些：从多角度观察和思考问题的发散性思维；从相反的角度思考问题的逆向思考法；把需要解决的问题与其他事物进行联系和比较的联系和比较思维；此外还有分解和组合思维以及联想思维。为什么这些思维方法体现了创造性思维的特征呢？这个问题值得我们在以后作更深入的思考。

广告创意大师詹姆士·韦伯·扬这样比喻创意的产生："我想，创意应该具有类似冒险故事里的神秘特质，就像在南海上骤然出现的魔岛一般。"但是，在经过长期的思考并且密切观察所结交的创意人员后，他提出了这样的看法："创意发想的过程就与福特装配线上生产汽车一样；也就是说创意的发想过程，心智是遵循着一种可学习、可控制的操作技巧运作的，这些技巧经过熟练的操作后，就跟你使用其他任何工具一样。"①

广告创意大师詹姆士·韦伯·扬通过对自己的经验的总结和分析，认为产生广告创意大致包括五个过程：收集资料——当前相关问题的资料以及将来会增长你一般知识的资料；消化资料——在你的脑海中消化整合这些资料；孵卵阶段——将一些东西丢入潜意识中进行合成工作；创意出生阶段——可高呼"我找到了"的阶段；最后，整修及改进——使创意（点子）可以被有效地运用。

平面广告创意的秘密

平面广告创意涉及平面设计的艺术问题，也是一个多重意志寻找确定性的过程。进行平面广告创意，你需要寻找各种视觉元素。如果你要创作一个印刷广告，有一些基本的创意问题就需要思考。你就得考虑大标题应该放在哪里，它要占据多大的地方，你可能还需要一个副标题，还有正文。你需要写多少字呢？文案并不仅仅是文字，它也是视觉性的元素，因为它占据空间。

---

① ［美］詹姆士·韦伯·扬著：《广告传奇与创意妙招》，林以德译，内蒙古人民出版社1998年版，第138页。

布局

平面广告中，大家所熟悉的最经典的布局是竖长方形。图片通常被放在长方形的上部，下面是广告标题和正文，有必要的话还会有一些小的图片（见图1-7，还可参见图1-5）。许多广告专家批评这种布局没有创意。但是，最重要的是广告创意。广告创意中如果包含了消费者感兴趣的利益点，如果提供了某种和潜在消费者相关的特殊确定性，广告创意便有了核心的力量。如果你的广告概念和文案是具有创意性的，那么表达核心创意的布局就是一件锦上添花的事。否则，布局只是会变成一个空虚的外壳。无论采用何

图1-7　一直沿用至今的传统布局方式

种布局，经典的或现代的，或者要在布局上进行创新尝试，设计布局的出发点应该是广告创意的核心内容。

文字

印刷广告（包括报纸广告、杂志广告等）中，标题是一个很关键的因素。你的广告如果有一个好的标题，就有可能让人读下去。有时你还可能需要副标题（见图1-8）。副标题的作用是进一步引起读者的注意，让他有读下去的兴趣。你在开始写标题和副标题之前，要根据你的创意想一想完成后的大概样子，确定一下广告的基调和风格，考虑一下你需要写长文案还是短文案，采取哪种文体，使用何种文风。作出这些选择的时候，千万要想着你的目标消费群，你是在对他们说话。并且，你应该想象一下他们当中的一个就坐在你面前，你是要同他或她说话。

一写出来标题，你千万别以为大功告成了。如果你的正文没有力量，你的标题也就会成为一个空中楼阁，成为一个空洞的噱头。我曾研究了1988—1997年间的《北京晚报》《新民晚报》《羊城晚报》等报纸上数千条的广告，许多广告的大标题犯了这个毛病。要克服这个毛病，一定要牢记创意是核心，而创意并不是要噱头。广告创意一定要潜在消费者意识到他们会得到利益，只有制造了这种确定性，才能发生效果。

文案是长好还是短好，广告人历来都各有己见。我个人认为，文案长短并无定则，关键是要根据创意的需要而定。比如，针对受过较高层次教育的人，长文案、理性诉求往往是有效的，他们希望对事实作出自己的判断。你有时甚至可以在长文案中列数优点之后把产品的缺点告诉他们。他们的理性会告诉他们万事无完美，有时缺点反而会成为使人确定购买的动力。因为，他们会认为，敢承认缺点的产品是自信的、诚实的产品，更何况这些的确无足轻重。长文案往往可用于高卷入度的产品，如汽车、住房等。在实际写文案正文时，尽量使它有足够的卖点，并且尽量有趣、有告知性。

如果你打算写长文案，最好在文案中安排几个小标题来分割内容。广告不同于书本，有些书是需要人慢慢坐下来深究的。小标题通常用粗黑字体，比正文字体有一点大。但是千万别让你的小标题看起来花里胡哨，否则它们反而会分散读者对你核心信息的注意力。

图 1-8　标题并不是只能用文字。"＋"和"＝"成为惠普广告的大标题的一部分。大标题：亚马逊网站＋hp＝惠普科技　成就梦想

小标题有这样几个用处：它们可以抓住尽量多的潜在消费者；它们使正文看起来轻松易读，饶有趣味。一大片文字会使许多读者不愿看下去，它们

可以调节读者在阅读中的阅读动力；它们使读者可以有选择地读文案，许多读者没有那么多时间去读所有的文字。小标题应该是有连续性的、有逻辑的安排。这并不是说你的小标题要枯燥、单调无味。相反，它们应具有和整体相符合的风格，为你的文案增光添彩。

修改对于广告来说同样重要。删减常常是修改中最重要的工作。删减，在某种意义上说是使你的广告卖点更有冲击力。删减不是要删除任何重要的东西，它是一个浓缩和提炼的过程。

视觉内容

视觉的力量是强大的。视觉传播和形象相关。阿尔多斯·赫胥黎认为，观看是经由感觉、选择和理解几个步骤。这一观点对于广告视觉内容的创意非常有启发性。为了吸引消费者，让他们感觉到广告信息，观看并记忆广告信息，你的广告就常常会需要插图或图片或其他视觉内容。美工和艺术指导就需要参与广告的创意。他们会用视觉性元素配合你的文字。创意总监则需要使文字和视觉性元素协同发挥作用。创意视觉元素不是仅仅呈现某个形象，而是为了让视觉内容可以穿透消费者的物理和心理过滤层，让他们理解并且记忆。

视觉内容的创意是有关光、色、形式、纵深、位移的艺术。如果你是广告摄影师或者以其他某种身份参与视觉内容的创意，你就需要了解有关光、色彩、形体的知识。亚里士多德曾经认为光和色只是视觉形象被赋予不同的名称。文艺复兴时期的著名画家和科学家莱昂纳多·达·芬奇提出了一个关于"白、黑、红、黄、绿、蓝"的六原色理论。直到1801年，光才被和人的眼睛联系在一起加以考虑。托马斯·扬在这一年提出人的眼睛由三种感色纤维组成，是感色纤维才使人能够感觉到光。赫尔曼·冯·赫姆霍尔兹成为第一个测量人的神经脉冲的科学家。托马斯·扬－赫姆霍尔兹的三色构成学说成为人眼如何看到色彩的主要理论。现代科学的研究认为人眼能否看到某种颜色由电磁波波长和能量级决定。视觉创意者应该熟悉基本的光和色的原理，了解色彩的基本特性（色品、纯度、明度）以及不同色彩能够带来的相应心理和情感反应。色彩的感觉是受到社会和文化环境的影响的。色彩的感觉甚至和人类词汇中有关色彩的词汇有关。不同地区、不同民族的色彩词汇表可能不同。不同的色彩词汇表反映了不同的色彩对于不同地区、不同种族、不同民族的人具有不同的重要性。广告视觉创意者必须对色彩在不同地区的运用小心谨慎，不同的色彩可能具有不同的社会意义和象征意义。红色在中国可能代表喜庆，在有些国家则可能代表危险。红色如果出现在埃及妇女的指甲上很可能说明这位女士认为自己的社会地位较高。除了光和色，形式的创意能力也是视觉内容创意者应该具备的创意技巧。对点、线、形（四边形、圆形、三角形）等基本视觉的熟练掌握可以创造出丰富的视觉含义。依靠空间、大小、色彩、光线、纹理、介入、时间、透视八种因素，可以创造各种纵深效果。利用真实位移（这种位移设计原理常用在现场广告活动的创意中）、错觉位移、图形位移、暗示位移可给观看视觉内容者造成来自图形的直接刺激。

视觉内容创意者不一定熟悉大脑视觉层（具有加工视觉信息功能）和海马状突起（大脑记忆储存区）的生理意义和功能，但是应该掌握如何让视觉信息吸引消费者并让消费者形成记忆的创意技巧。

从某种意义上说，广告界有一大优点是谦逊，它吸收各种不同领域、不同学科、不同学派的发明发现并为自己所用。在视觉传播方面，来自哲学、心理学、医学的一些重要发现成为广告创意的"秘密"武器。例如，广告创意吸收利用了格式塔理论、结构主义理论、生态学理论、符号学理论、认知理论等心理学理论。前三种理论属于感觉理论，主要是探讨光和少数元素如何对构成形象发生作用；后两种理论属于知觉理论，主要探讨人们由所见物体产生的意义联想。

格式塔理论认为感觉是一种感觉综合的结果，而不是个别感觉元素的相加。这一理论对广告平面设计，尤其是字体设计、图形设计（标志等）产生了重要的影响（见图1－9）。结构主义理论强调了观看者在感觉过程中眼睛的积极运动。该理论对于广告布局和创意测试产生了深远影响（广告界也利用视线测试仪进行广告创意的效果测试）。生态学理论认为，大脑能随着环境视觉列阵的变化自动校验物体的大小和纵深，而无需进行有意识的计算。

符号学理论对于广告创意也是影响巨大的。古希腊哲学家奥古斯丁可能是最早提出应该进行符号研究的。当代符号学兴起于第一次世界大战前期。当代研究符号学影响最大的几位包括瑞典语言学家费迪南德·德·索绪尔，

图 1 - 9 字体设计中活用格式塔理论的一个经典例子：ESPRIT（注意图中的字母"E"字是不完整的，但人们却知道这是字母"E"）

美国哲学家查尔斯·桑德斯·皮尔斯、法国的罗兰·巴特等人。皮尔斯认为符号分为图标型、索引型、象征型三种。交通指示牌上的符号就是一种图标型符号。这种符号接近于要表示的事物，最容易理解。索引型符号与要表示的事物存在逻辑性或常识性的联系。象征型符号则和要表达的事物不存在必然的逻辑性联系，这种符号通常要经过教育才能获得对符号象征意义的理解。这三类符号在广告视觉创意中都是被广泛运用的。罗兰·巴特的联想链以及其中的编码理论对广告视觉创意中广告元素的组合运用具有很大的启发性。阿沙·伯格认为编码有转喻、类推、替代、浓缩四种类型。转喻编码是指能引起联想或推测的符号。在欧米茄手表的广告中，手表被和一些明星放在一起，在这种广告中，明星起到了一种转喻编码功能，传达了手表的个性、品位和档次等信息（见图 1 - 10、图 1 - 11）。类推编码是指一组能在头脑中进行比较的符号。替代编码能把一组符号的意义转移到另一组符号。广告创意中常常运用替代编码，使用象征形象替代一些可能不易被接受的形象。比如

图 1-10　利用明星任达华作为转喻编码

广告中可能运用两个圆形的酒杯作为象征形象完成替代编码，希望通过这种形象让消费者联想到女性的双乳。广告中也可能用酒瓶等象征男性性器官（见图 1-12）。浓缩编码是指用几个符号组合形成新的合成符号。广告创意

图1-11 利用明星任贤齐作为转喻编码

（不仅仅是平面广告）经常运用组合编码形成某种吸引潜在消费者的意义。

认知理论强调了大脑活动的主动知觉。卡罗林·布鲁默认为能够影响知觉的大脑活动方式主要有记忆、投射、期待、选择、适应、显化、失谐、文

图 1-12 SKYY BLUE 的酒瓶似乎成了男性性器官的象征

化和文字。广告创意可以利用各种方法和技巧制造（或避免）大脑的这些知觉反应。比如，利用有冲击力的照片（利用扭曲、异化等技巧）来强化记忆（见图 1-13）；利用形状相似的形象引起大脑投射反应；利用悬念广告制造期待反应；利用某种潜在消费者熟悉的视觉内容使消费者产生视觉选择。广告也可以利用系列广告中类似的视觉内容去创造大脑的适应反应，借助系列对潜在消费者有意义的刺激来创意视觉内容（例如，如果调查认为潜在消费者对异国情调感兴趣，广告创意就可表现相应的异国风景以制造对消费者有意义的刺激）。另外，还可利用简洁的核心视觉信息避免消费者的大脑失谐反应（典型特征是注意力分散）（见图 1-14），或者利用富有文化内涵的视觉信息和文字设计来获得潜在消费者的文化认同等等。

图1-13　广告中出现"有三个脚趾的巨大腋窝"，它和美女一起制造视觉冲击力，推销具有除臭止汗功能的斧牌男性香水

敬 请 垂 询 价 格

图1-14　用简洁的视觉创意来突出视觉核心——酒，避免观看广告者注意力分散

照片是广告中常用的视觉内容。制作好的广告照片需要一个好的摄影师。每个摄影师都有各自的专长，有的擅长照人物，有的擅长拍物品和食品，有的擅长拍风景。艺术指导应该学会选择一个好的摄影师。广告照片中常常出现美女或女性的身体部位（见图1-15、图1-16）、宠物（见图1-17）、婴儿（见图1-18）这些是最易引起消费者兴趣的视觉元素。这种运用美女、宠物、婴儿的创意表现方法，被有些人称为广告中的"美女、宠物、婴儿三原则"。（这一原则同样也常常在电视广告和其他类型的广告视觉表现中运

图 1-15　威娜染发剂的广告使用的美女表现。广告文案是：只有头发是与生俱来的

用。）由于计算机合成技术的发展，可以使更为奇特的想法得以实现。在当代广告中出现的照片大多是经过计算机处理的，因此往往比直接拍摄获得的照片更具有视觉冲击力，能更准确地表达创意意图。作为一种特殊的平面广告形式，户外广告看起来简单，但往往是最难处理的媒体。户外广告如此难做的原因是：你的受众把注意力集中在开车或行路上，而非读广告上。而且汽车以高速掠过广告牌时，如果广告真的引起了司机的注意，它也只能持续两三秒钟。在如此短促的时间内通过平面传播一条有效的信息实在是种挑战。有些专家建议说，广告牌信息应该大得足以看见，而且使用尽可能少的文字。他们认为户外路牌广告最好不要超过九个字（指英文）。户外广告最重要的是醒目和简洁，只有这样才可能有视觉冲击力。当然，不能缺少创意。

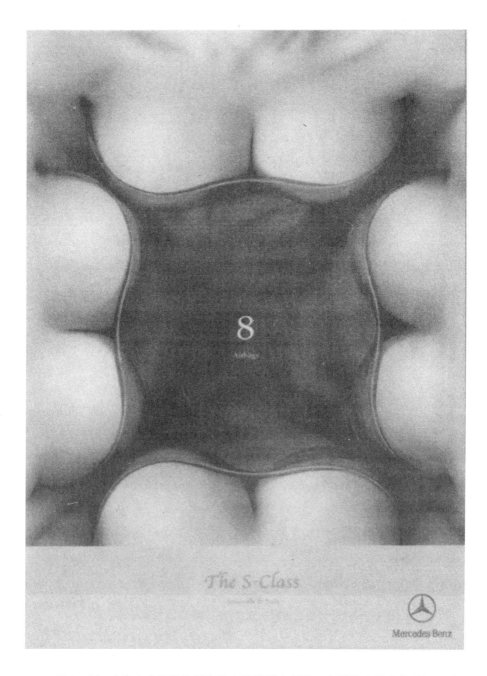

图 1 − 16　广告中也常常使用女性身体的某个部位。奔驰汽车的广告利用四对
女性乳房来传递"8 个安全气囊"的核心产品信息

图 1-17　广告用包着脚的宠物狗来强调美女对服装的珍惜

广播广告创意与声音

声音是广播广告创意用以否定不确定性的最重要的手段。广播广告创意借助声音来传播信息，但却要借助视觉（想象中的视觉形象）来发挥广告作用。认识到这一点相当重要。当你听广播时，你必须借助自己的想象力去创

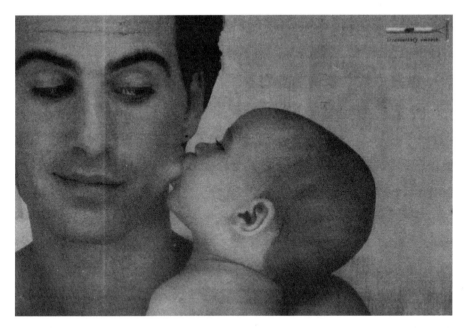

图 1-18　这是一个剃须刀广告，利用婴儿吮吸男人的脸来体现皮肤的光滑，以此来突出剃须刀的功效：剃出无比光滑的脸

造画面，你在自己的头脑中描绘你听到的声音发出的环境、说话人的样子等等画面。你不要低估想象力的能量。因为真实才能使声音发挥威力，使广播广告产生巨大的感染力和影响力，所以声音的选择是创作广播广告要做的重要工作。

声音的选择主要考虑以下几个因素：广告中人物的性别；广告中人物的年龄；广告中人物的职业；广告中人物的社会角色；广告中人物的口音；广告中人物的态度；广告中背景音的选择；广告中的音乐。

背景中的音效和音乐的选择，可以使听者利用想象力想象时间、地点、环境，并把时间、地点等抽象的因素转化为具体的情景等形象化的因素，广播广告因此可以更具感染力。

你必须精心考虑广播广告文案的长短，因为时间是有限的。广播广告文案有一些常见的时间控制技巧：职业的播音员可以运用语言表达技巧来充分表现文字所要体现的意境。通常情况下，你千万不要为广播广告写太长的文案。播音员需要时间去表现广告中人物的性格，用提高或降低语速来强调卖点。一个 60 秒的广播广告要诵读的文案不要超过 50 秒，30 秒的广告不要超过 25 秒。如果广播广告中要使用音乐，在 60 秒的广告中，要诵读的文案通常情况下不要超过 45 秒，30 秒的广告不要超过 22 秒。这是因为广播广告中也要为音效安排出时间。

电视广告创意与商业意志

电视广告创意体现了多重意志对否定某些特定的不确定性的要求。在这些多重意志中，广告主的意志是最为重要的、并起决定作用的意志。广告主的意志是赤裸裸的商业意志。

广告创意是商业艺术，这一点在电视广告创意方面表现得最为突出。电视的制作需要花费大量的金钱，至于播出费就更令人瞠目结舌。所以，广告创意人最好让每一分秒的广告都可以被潜在消费者看到、听到。否则，浪费实在是巨大的。

电视广告创意中有一种重要的工具——故事板。故事板是一种意图的陈述，一种传达创意的途径。故事板对于电视就如同粗略的设计等待印刷。故事板不能从字面理解，因为它实际上不能做电视所做的事。它不能有运动，不能有歌声，因为它显示的是一系列无运动的镜头，它不能有连续的表演。故事板帮助你向导演和项目经理等有关人员确切地表述你的创意。一旦他们同意了，你就可以用故事板向你的客户解释你的创意。这从来就不容易，因为客户往往并没有经过使用视觉语言的训练，很少有想象力，因此，你的故事板要清晰，令人信服，并且有趣。一个故事板通常应具备以下一些内容：你想拍多少种场景；一共有多少场景；场景的展示是什么顺序；主要演员是哪些人；演员看起来会怎样；每个场景会有什么动作；每个场景多长时间；演员在荧屏上会说什么台词；画外音说些什么；每个场景需要什么音效；将会有什么样的音乐；将会在哪儿用到什么特技；跑龙套的角色有哪些。

故事板可以帮助制片公司了解需要多少花费来做这个广告。他们可以借此估计制片的价格。制片公司预计他们的导演需要多少拍摄时间，哪些场景需要在当地看，哪些最好搭景。然后，他们计算出需要多少胶片或录音带，胶片的花费是多少。制片可以大概计算剪辑的预算。他们还要计算需要的设备的开支，导演要给演员多少附加费用，设备装置、道具服装的开支，场地的费用，还有照明需要多少电力。他们还要计算需要多少人，并列出工资单，他们还要预计整个小组和制片公司、代理人、客户的工作餐的费用。

有时你会需要关键镜头板。这种故事板只显示一张图，这一张图就是整个视觉效果的关键。在这张图下，你需要写上画面说明、声音说明、音效以及音乐的说明。

大多时候，广告创意要制作出工作故事板。工作故事板是最普遍的使用格式，它通常包含一些长方形的画框，这些画框是图片出现的地方。画框的旁边或下面是画面说明和文案，另一边是声音说明、音效以及音乐说明。说明画面间变幻的用语通常有这样几个：切换；渐隐渐显或叫淡入淡出；慢速渐隐渐显或叫慢速淡入淡出；快速渐隐渐显或叫快速淡入淡出，这也叫做软切换。电视广告最后正是通过这种影视技术帮助消费者建立和产品相关的某种确定性。

进行平面广告创意的许多原则对于电视广告同样适用，其中最主要的原则可能就是广告一定要简单。学会在简单中寻找伟大。简单来源于好的构思。好的电视广告一定要有好的构思，不要把希望压在制作手段和特技上。电视广告文案的工作在有了一个构思之后其实刚刚开始，这只是一个起点。在开始制作之前多动脑筋，要让你的构思尽量富有冲击力和说服力。这样，你可以充满信心和兴趣地去完成以后的工作。在开始创作之前，你还应该弄清楚广告主愿意花多少制作费，你可以通过你的客户经理去了解这一点，这样你对在多少资金范围内进行创作做到心中有数。

广告制作

费少的时候，不要介意，也许这正是检验你的创意能力的好机会。另外要学会用视觉手段解决问题。电视是视觉性的媒介，你必须学会用视觉语言、视觉手段解决问题，用画面向他们讲故事。尝试着不用语言进行诉求，不要向消费者唠唠叨叨。画面上正在表现的一般就不要再用语言来解释了，语言解释的东西应该给画面赋予额外的意义。还有一点，让制作技巧为广告构思、广告创意服务。了解最新最好的制作手段、制作技巧。但是要为广告构思、广告创意寻找最合适的制作技巧。

如果你能在电视上演示你的产品，你就应该让事实说话。眼见为实，没有什么比你亲眼看到的东西更让你信服了。一条电视广告最好从头到尾都富有娱乐性，在最后一秒钟仍然让观众圆睁双眼。电视广告有一个出人意料的结尾就够了，这是一种误解。如果你能在一秒钟之内让你的广告抓住观众的眼光，那你不要用两秒钟。好的广告应该让消费者百看不厌。不要让你的电视广告看起来和你的印刷广告一样。其实，你做到的是所有媒体上传达的信息一致，声音一致。注意，是一致，而不是一模一样。不同的媒介有时需要不同的表现手段。你的电视广告应该有延续的潜力。要战略性地思考问题。

电视广告的制作

电视广告创意也隐藏在电视广告制作中。如果要开始制作电视广告，创作组的第一件事是和广告代理公司的制片人接触。你把故事板给他看，解释广告内容、基调等情况。通过这次会面，创作人员和制片人会就挑选演员的细节问题、外景地、布景、服装、视觉效果、音乐设置和广告制作中的其他要素等问题达成清楚的共识。

制片人往往会向你推荐合适的导演和制片公司，并安排你看一些导演的作品。关于这些作品，一定要仔细观看、评价、分析，看看灯光、摄影技巧等等。你会接触到很多导演，他们各有所长，有善于拍人物的，也有善于拍美食的，但这并不意味着他们只会干其专长。事实上，他们都保证能做出几乎所有你想要的效果来，但当然不可能和你设想的一模一样。

导演通常会决定具体需要什么人，如：摄影助手、灯光师、舞美、静物摄影员、化妆师、道具员等等。

电视广告演员的挑选工作也包含创意的因素，而且常常也颇为复杂。一般先要试镜，让候选者演一段台词什么的，若是导演觉得还不错，便会给他复试的机会。第二次挑选后，若是导演认为这个人非常有潜质，或十分能传达广告意图，便会先敲定他做该广告的演员。为你的电视广告找一些备选演员，要找那些会演的演员。如果你想用名人，确保他或她和你的产品利益点有关联。

拍摄前会议是很重要的。在正式开始制作广告前，有一件很重要的事，就是开一个制作前的筹备会，以确保这项工作的每一个参与者都对工作有非常清楚的概念。除了工作人员以外，客户代表也应出席。广告代理公司这边，广告制片人、创作总监等重要人物也应参加。当开始拍摄了，广告创意人员要注意和广告制片人保持步调一致。

在电视广告后期制作中，要为广告寻找出最合适的剪辑师，要为广告选择合适的音乐，必要的时候请作曲家进行专门创作。

网络广告创意：迎合信息搜寻者

网络使信息实现了极大的民主化。传统的广告（尤其是电视广告）具有不同程度的闯入性特征。网络广告的闯入性特征则不太明显。在网络面前，传统的信息接受者变成了信息搜寻者。即使是大面积的全屏广告，即使是强制性显示，也可能被信息搜寻者视而不见。因为，网络广告的强制性显示并不像电视广告那样具有明显的闯入性。

网络广告的被动性很明显，所以，它对注意力的吸引比平面广告和电视广告要更加困难。你可以想象一下，当你打开电视（只要你打开），如果你不马上去洗手间的话，电视广告绚丽的画面就会闯入你的眼睛，悦耳动听的声音就会闯入你的耳朵。在高闯入性的电视广告面前，你反抗无力，甚至有时你根本没有反抗。而报纸广告的闯入性虽然比电视广告要弱，但是大版面、诱人的标题也可以很有效地吸引你的注意力。

在网络上，情况却不一样，许多人都有明显回避广告的倾向，除非他们主动去搜索这方面的广告信息。网络广告较难吸引注意力主要有几个方面的原因：上网需要时间，而且大多需要付费，这样时间成本和金钱成本都比较高；网络页面信息点过多，上网者注意力分散（为了避免注意力分散，上网者倾向于心理上先忽视任何信息，然后主动搜寻信息）。

由于网络广告兼具平面广告和电视广告的特性，因此，平面广告和电视广告的创意方法理论上可以同样适用于网络广告的创作。但是由于以上所述特征，网络广告创意必须强调自身的特点，寻找自身的创意规律。

网络广告创意的首要技巧是设计和利用能够有效刺激视觉的注意力焦点（这一技巧与在印刷广告和电视广告设计中同样重要）。网络广告创意的首要任务是吸引注意力，增加点击率。因此，在网络广告的创作中，设计的重要性增强了。但是，网络广告的创意仍然不能忘记一个关键性的前提，即应该向潜在消费者提供有价值的信息，寻找到和潜在消费者相联系的某种特殊的确定性。

网络广告创意还有一个重要技巧是互动性创意设计。互动性体现了网络广告对消费者主动权的尊重，因此容易获得潜在消费者的好感。网络广告创意中，角色游戏是增强潜在消费者参与广告的有效方法。

网络广告创意第三种常用的技巧是和传统广告的创意相呼应（见图1-19）。创意的呼应可以是内容上的形似、共同的视觉元素、类似的风格创意、同样的广告代言人等等。广告创意的呼应可以使潜在消费者产生联想，增加他们对网络广告的兴趣。

图1-19　网易的网络版广告（左边三幅）和电视广告（右边三幅）相呼应

此外，随着网络的发展和人们对网络生活的熟悉和观念的演进，按客户喜好分类汇总的网上广告专页可能盛行。利用附加浏览点数把网络广告的浏览和电子购物的让利挂钩，可以发挥网络广告的促销效果。把网络广告和消费者希望获得的信息捆绑（如同电视剧要插播电视广告）可以强化网络广告的效果。网络具备整合各种媒体形态的特质，是全人类信息会聚的平台，网络广告创意作为一种商业艺术创意形式，空间无限。

电　影

电影：创意另一种现实

电影也不可避免地成为一种最为重要的商业艺术形式。尽管有些电影被认为是所谓的"艺术电影"，但是与所有的商业电影一样，它们都在创意另一种现实，一种电影影像中的虚拟的现实。（关于"创意另一种现实"这一说法的支持意见和反对意见都可能存在。鲁道夫·爱因汉姆在《电影作为艺术》一书中概括了关于电影是再现现实的观点："现在还有许多受过教育的人坚决否认电影有可能成为艺术，他们硬是这样说：'电影不可能成为艺术，因为它只是机械地再现现实。'拥护这种观点的人援用绘画的原理来进行辩解。就绘画来说，从现实到画面的途径是从画家的眼睛和神经系统，经过画家的手，最后还要经过画笔才能在画布上留下痕迹。这个过程不像照相过程那么机械，因为照相的过程是：物体反射的光线由一套透镜所吸收，然后被投射到感光板上，引起化学变化。"鲁道夫·爱因汉姆则显然持相反的意见。不论如何支持或反对，但是有一点不可否认，电影影像决不等同于现实，因为它毕竟只是影像。）

电影大师伯格曼每一部影片都传达出他独特的创意视角。伯格曼说他的剧本创作往往都是从"一种精神状态"开始的，"而不是实际的故事"。他习惯将自己称作是"感情的魔术家"，他说，"我实际上是一个魔术家，因为电影根本是一件欺骗人眼睛的玩意儿。我曾经计算过。当我放映一部影片时，我就是在做一件欺骗人的勾当。我用的那种机器在构造上就是利用人的某些弱点，我用它来随意拨弄我的观众的感情，使他们大笑或微笑，使他们吓得尖叫起来，使他们对神仙故事坚信不疑，使他们怒火中烧、惊骇万状、心旷神怡或神魂颠倒，或者厌烦莫名、昏昏欲睡。因此我是个骗子，而在观众甘心受骗的情况下，我是一个魔术家。"伯格曼的话虽然说得有点极端，但是他揭示了电影创意的一个重要特点，即创意另一种现实。

对不确定性的共鸣

电影获得成功的一个关键是其影片的创意必须实现观众对某种不确定性的共鸣。对不确定性的共鸣可能在不同类型的电影中有不同的表现形式。而在所有电影所反映的不确定性主题中，最为常见的无外乎几类：时间和空间的不确定性、命运的不确定性、爱情的不确定性。而且，这些不确定性还往往在典型的影片中交织在一起。

影片《借刀杀人》讲述了一个职业杀手和一个出租车司机的故事（见图1-20）。一个跨国贩毒集团发觉自己将被联邦大陪审团指控，于是派杀手文森特来到洛杉矶暗杀5位知情人，一切进行的似乎很顺利。马科斯是一个开了整整12年出租车的老司机，他每天同形形色色的乘客打交道，终日穿梭于喧闹浮躁的都市却仍能保持温和平静的心态。然而，他的梦想和欲望却被淹没在平静而缺乏机会的生活中。当杀手文森特上了他的车后，他的生活和心灵的平静受到了惊心动魄的冲击。当文森特透过车窗仰望天空，说出"天空群星无数，群星之下，没有人会注意到你"时，影片超越特定角色的悲剧性色彩被重重抹上一笔。当文森特说马科斯将"看着镜子……无法实现梦想而突然发现自己有一天突然老去"时，影片进一步泄露了人类内心深处普遍存在的空虚和对不确定性的恐惧。当两条孤独的狼在杀手文森特和司机马科斯的车前缓慢走过时，他们两人都盯着狼的眼睛沉默了。动物和人在此刻形成了极具震撼力的共鸣。表面上性格外向、待人亲切且颇具幽默感的"好人"文森特再也掩饰不了内心的悲哀和孤独。在杀机四伏的情况下，杀手文森特和司机马科斯二人慢慢地了解到对方更多的真相，也彼此第一次站在从未尝试过的角度来面对人生，面对自己。影片结束时，杀手文森特在"没有到达下一站"的地铁上"不被任何人注意到"地悄然死去，再次将影片的悲剧色彩推向高潮，同时也以某种类似寓言的结尾再次泄露了人类内心深处普遍存在的空虚和对不确定性的恐惧。

"这个片子最吸引我的地方是紧凑的故事与其发生的时间——从晚间六点到次日凌晨四点，而这短短的几个小时将决定很多人的命运，我喜欢这样紧张的情节。"导演兼制片迈克尔·曼谈到该片时这样说。他的另一部影片《盗火线》也同样反映了人在时间和空间内的无奈和命运的不确定性。

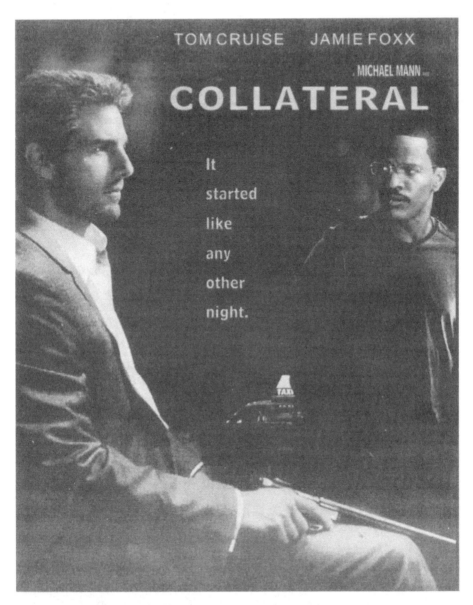

图 1-20 影片《借刀杀人》中的冷酷杀手和出租车司机

港片《无间道》讲述的是两个卧底的故事（见图 1-21）。一个是警方安置在黑帮的卧底，一个是黑帮安置在警方的卧底。两个不同性质的卧底命运奇怪地交织在一起。他们两个人都想寻找到一个属于自己的身份，然而一切似乎都由宿命决定了。这种宿命不是"确定性"的宿命，而是"不确定性"，是人作为一个社会存在物自身身份归属的不确定性。当警方的卧底被射杀后，他的尸体一半位于电梯内，一半位于电梯外，电梯的门无法关上。这个场景把人对某种带有宿命性质的不确定性的无奈表现得震撼人心。

图 1-21　影片《无间道》的宣传图片中即表现了命运的对决和不确定性的残酷

反映特工命运的《谍影重重》讲述了特工 BOURNE 丧失记忆后追查自己身份的故事（见图 1 –22）。影片的紧张节奏和浓厚的商业化色彩背后，同样对"不确定性"进行了思考。整个影片（包括续集）可以说是一直在追求对不确定的否定，表现了一种令人压抑却又有某种魔力的孤独——一种茫茫人

图 1 –22　影片《谍影重重》讲述了一个特工寻找自己身份和事实真相的故事

海中的不确定性。影片的主题歌 *Extreme Ways* 有句歌词是"我闭上我的眼睛，我闭上我的世界"极恰当地呼应了影片中主人公的内心世界。当人面临自身身份和存在的困惑时，为了否定那种令人压抑却无法摆脱的不确定性，一种典型的内心反应就是对周围的世界关闭自我的世界，以寻找自我的存在感和安全感。

我们还可以找到很多例子来说明这一观点，即电影创意最为重要的秘密之一就是寻求和观众对影片所表现的某种不确定性的共鸣。但是对于否定不确定性和创造确定性的表现在不同影片中却是不同的。

商业电影和艺术电影

作为商业艺术的电影和艺术电影在创意方面有什么区别呢？我的观点是，电影创作者越希望通过自己的创作寻求人类存在的意义、生命的价值等具有某种终极性质的答案，其作品就越接近于人们一般意义上所说的艺术。从严格意义上说，商业电影和艺术电影并没有绝对的界限。影片《借刀杀人》表现杀手文森特在"没有到达下一站"的地铁上"不被任何人注意到"地悄然死去时，该作品就具有了艺术电影的特质，只不过这种特质混合在商业影片的形式之中。

典型的商业电影和艺术电影的创意所表现的不确定性是不同层面的不确定性。商业电影所表现的不确定性通常更加接近于微观的、具体的层面，而艺术电影的创意则试图探询更为宏观的、普遍的、抽象的不确定性。

一个典型的例子是苏联艺术电影大师安德烈·塔可夫斯基的作品。他说，"我清楚意识到自己的使命，或者可以称之为：对人类的义务和责任"[1]，"毕竟艺术创作并没有绝对的准则……由于它的目的在于了解这个世界，它遂有无限多的方面联系着人类和其生命活动"[2]，"我了解我的责任在于激发每一

---

[1] ［苏］安德烈·塔可夫斯基著：《雕刻时光》，陈丽贵、李永泉译，人民文学出版社 2003 年版，第 4 页。

[2] ［苏］安德烈·塔可夫斯基著：《雕刻时光》，陈丽贵、李永泉译，人民文学出版社 2003 年版，第 8 页。

具灵魂对自身基本的人性与永恒的反省"①。所以，安德烈·塔可夫斯基得出这样的结论："我觉得与其多费口舌泛论艺术或专谈电影功能，似乎都远不及谈论生命本身来得重要，因为艺术家如果没有意识到生命的意义，很可能就没有能力以他自己的艺术语言作出任何条理一贯的陈述"②，"也许所有人类活动的意义，便在于艺术的意识，在于无私无求的创造行动吧"③。在安德烈·塔可夫斯基的意识中，他首先是一个艺术家。他具有某种诗人的特质，就如他自己所言，他对于诗的熟悉远超越传统剧本。

创意者（在此是艺术电影的创作者）的自我意识决定了其作品的主题和风格，更为重要的是决定了其作品所探求的不确定性的类型和层面。他们的艺术家意识，使他们的创意试图探询更为宏观的、普遍的、抽象的不确定性。以安德烈·塔可夫斯基的作品《安德烈·卢布廖夫》为例，用创作者自己的话说，"这部电影的目的在于呈现：处于那个人与人互相残杀、鞑靼人大举入侵的时代，人民对于同胞的渴望如何激发了卢布廖夫的旷世杰作《三位一体》的诞生；它是友爱、情爱以及沉潜的天父之爱等理想的缩影，这才是该部剧本的艺术和哲学基础"④，而该电影正是基于这种基础，探询了人性层面的不确定性并试图给出否定。

多变的电影创意

如果我们强调电影是一门艺术，我们就可能忽视它的其他方面。电影由于是非个人的创作产品，它其实和广告创作类似，也是多种创作意志的决定物。和广告不同的是，电影导演在整个创作过程中可能（也只是可能）更多、更强烈地体现自己作为创作者的意志（但是仍然受制于包括商业意志在内的多重意志）。在广告创作过程中，广告导演在大多数情况下，从某种意义上

① ［苏］安德烈·塔可夫斯基著：《雕刻时光》，陈丽贵、李永泉译，人民文学出版社 2003 年版，第 224 页。

② ［苏］安德烈·塔可夫斯基著：《雕刻时光》，陈丽贵、李永泉译，人民文学出版社 2003 年版，第 268 页。

③ ［苏］安德烈·塔可夫斯基著：《雕刻时光》，陈丽贵、李永泉译，人民文学出版社 2003 年版，第 278 页。

④ ［苏］安德烈·塔可夫斯基著：《雕刻时光》，陈丽贵、李永泉译，人民文学出版社 2003 年版，第 31 页。

说，只是广告创意借以实现的工具，广告导演创意的意志相对比较集中地体现在电视广告片的制作环节。

从上述意义上讲，任何一部电影都具有商业特性，只是或多或少而已。因此，从这个角度讲，可以认为任何一部影片都运用了商业艺术——如果它运用了艺术，那么由于生产创作方面的先天原因，它必然可以冠上"商业艺术"的称号。当然，这一称号没有丝毫贬低这一艺术形式的意思。

电影带给观众的艺术体验同绘画、雕塑、文学、戏剧、舞蹈等艺术所激发的体验具有密切的联系，然而，也同样是由于它在生产创作方面的原因，它又有自身的特点。和传统艺术相比，电影具有更为宽广的创意空间和表现空间，因此，电影创意具有似乎包罗万象的多变性。和更加商业化的电视广告相比，电影创意的变化也毫不逊色。这是因为电影和广告相比具有更加长的时间和更为宽广的空间容量。但是这一优势也是电影创意对冲击力的强调弱于电视广告对这一因素的强调的原因。电视广告创意发挥的时空更为有限，电视广告必须依赖冲击力才能在极短的时间内吸引观众。当然，电视广告同样也可以使用各种电影创意的技巧，事实也正如此。

电影用以否定不确定性的基本方法

从最泛的层面上讲，电影主要借助影像和声音否定不确定性。

从电影界人士（影评家、研究者和创作者们）对电影的分类可以看出电影用以否定不确定性的最为常见的方法。按照两分法分类的思想，电影可以分为纪录片和故事片，真人表演的电影和动画片，"主流电影"与实验电影或先锋电影。

纪录（即使是纪录，电影所表现的也不完全等同于现实）、说故事（或叙事）、利用真人演员表演、利用各种类型的动画、利用这种或那种的类型（主流电影）、利用打破成规的探索，都是电影用来否定不确定性的方法。

然而你可能会问，不同类型的影片使用不同的方法，否定的不确定性到底是什么呢？这是一个在电影创作执行层面必须要探索的问题。我们在前文说到，不同的商业艺术的创意、同一种商业艺术之内的不同作品的创意，由于对不同层面、不同性质的不确定性的否定程度和形式不同，会呈现出丰富多彩的形态。比如，纪录电影应该通过各种纪录方式（实时纪录或"摆拍"

纪录等方式）来否定观众对现实事件、人物、物体或环境等的某种不确定性。如果电影纪录影片在创意环节没有考虑到这种否定某种不确定性的任务，拍摄出来的纪录影片将失去它的魅力甚至价值。说故事应该用事件、情节来否定某些因果、时空的不确定性；利用真人表演应该通过演员的语言、行动、感情等来否定观众内心对电影人物命运、个性等因素的不确定性。当然，利用真人表演还有一个重要的意图是为了探索人内心具有的某种普遍的不确定性并加以某种程度的否定。利用各种类型的动画可以用来否定对未知事物、未知空间的不确定性；利用这种或那种的类型（主流电影）可以在人类情感或兴趣的多个领域展开探询并否定某种不确定的游戏，从而带给观众快乐（喜剧片）、悲伤或浪漫（爱情片）、刺激或宣泄（西部片、动作片）、甚至恐惧（恐怖片）；利用打破成规的探索，可以用来否定一些具有终极性质的不确定性。

更为深入的分析：形式及其他

如果对电影以否定不确定性的方法做更为深入的分析，我们就可以在电影的形式、风格和电影技术等方面展开。

形式是什么？让我们先来打个不太恰当的比喻：苹果树的果实、树叶、树干、树根之间存在着某种关系，因此它们构成了"苹果树"这个系统。当然，从形状和生长的状态来说，任何一个果实、任何一片树叶、任何一根树干、任何一个树根都不可能完全地、绝对地相同，所以任何两棵苹果树的形式是不同的。所以，就有了千姿百态的苹果树。有些苹果树长得像一点，因为它们的形式相类似；有些苹果树长得大相径庭，因为它们在形式上可能存在较大的差异——比如一个"歪脖子"的苹果树就和直干的苹果树长相上大不一样。但是，所有的苹果树虽然形式不同，却都是苹果树。就如同不同的电影由于创意不同，就有不同的形式，但是它们都属于电影。当然，苹果树也可能出现杂交或嫁接的可能。电影也可能出现类似的情况。比如，五分钟的剧情化的电视广告片就可以看成是一种电影和广告的杂交或嫁接的产物。不论何种艺术，都可以从形式的角度加以分析。

简单地说，形式可以看成是部分与部分之间的关系形成的系统。艺术的形式被认为是与艺术的受众相联系的。当我们读小说、听音乐、看电影时，我们就能感受到艺术的形式。人们习惯上将"形式"与"内容"对立起来。这种对立对于分析和解释工作是很有帮助的，因为提供了很大的便利性。但是，对于电影来说，我比较赞成的观点是，不要将内容和形式作严格的区分。一部电影，被观众观看时，其内容具有产生形式的力量。特定的内容可以（但不是必然）提供形式的确定性，因为内容为观众提供了某种形式方面的预期（或者说期待）。

电影创意可以通过制造形式的期待、暗示、打破惯例和经验、利用形式调度情感或制造意义来形成电影的主题和事件的确定性。《公民凯恩》的魅力之一是不断制造期待，最终却打破了观众的思维惯式和经验（见图1-23）。"玫瑰花蕾"的模糊隐喻是打破惯例和经验的神来之笔。这可以说是电影中的杰出创意之一。但是，"有创意"并不等同于商业的成功。《公民凯恩》虽然获得影评家的赞誉，但是票房并不好。因此，商业电影的创意秘密之一是服从商业的多种意志，包括观众的意志。这就是为什么好莱坞典型的类型片往往比较容易获得成功的原因。这提醒我们，商业并不意味着"没有创意"。商业艺术成功的秘密在于创作者的意志和多重商业意志达成协调甚至统一，并且捕捉到受众（消费者）希望否定（或在一定程度上否定）的某种不确定性。

电影创作者的意志和多重商业意志达成协调甚至统一可以使用多种更为精致的手段。这就关乎电影形式的原则或规则问题。

当然在此要避免一个陷阱，要避免被原则或规则所约束。正如詹纳斯·梅卡斯所说，只要那些脑筋灵活的影评人不插嘴，不再提出他们那套形式、内容、艺术、结构、清晰度、重要性的话，一切便没有问题了。分析研究电影形式的原则或规则是为了便于我们有一定的便利性的分析工具，而并不是用来约束创意。有一句老话，唯一的规则就是没有规则。因为否定不确定性的游戏本身无法排除绝对的不确定性。

了解电影形式的基本原则，在不约束创意的前提下，可以帮助创意者了解和学习电影创意的一般规律。在电影艺术中，原则是帮助各种元素组合成系统的规律。基本原则包括建立元素与功能的关系，运用类似和重复、差异和变化、发展与变异等。每部电影都包含许多元素，每个元素都应该在电影中发挥一定的功能。比如，在电影《摩登时代》中，我留意到一组有趣的小

图1-23　影片《公民凯恩》中，"玫瑰花蕾"打破了观众的预期

元素。当男主角（卓别林饰）因在监狱抓住劫匪而被从牢笼中释放时，电影出现了一个画面：男主角从铁格子门出来，透过铁格子，可看见他后面牢房墙上的一些照片，正中一张依稀是林肯的照片。男主角、铁格子、林肯的照片作为元素，具有特定功能，可以创造出某种意义。这组元素的组合生成了关于自由和牢狱的极具讽刺意味的意义：监狱之内存在某种自由。如果把这组元素和该电影中另一组元素建立联系，则更加有趣。男主角和女主角在囚车中再次相遇时，透过囚车后面敞开的门，可以看到街边大楼上"NY"（英文"纽约"的缩写）两个字母一闪而过。囚车、人、NY 作为一组元素，生成了一种锐利的讽刺：纽约是人的囚车。两组电影元素生成了新的确定性（不知有无影评人注意到这点），使这部影片即使在细微之处也富有深意。元素应该具有存在的目的性和意义。元素功能在商业广告的创意中表现得尤为明显和突出。广告中的标题、小标题、插图，乃至一个词、一个色块都承担着特定的功能。电影中的元素和广告类似，也是具有明确的功能性。每一个元素都是对某种不确定性的否定和某种确定性的肯定，当然元素本身也生成新的不确定性。元素在电影中的类似和重复、差异和变化、发展与变异都是形式的重要原则，它们是电影创意进行否定不确定性和肯定某种确定性的一套游戏规则。这些原则的运用可以给观众制造诸如预期、悬念、神秘等的模式体验。创意者运用这些原则的技巧很大程度上就决定着电影作品对观众的吸引力。除了形式的原则，电影创意的力量还来自于对风格的创造。电影创意可以借助各种电影技术来增加"美"的确定性，这些包括场面调度、摄影、剪辑、声音（对白、配音、音乐、音效等）。电影风格和电影形式相互组合、互动，从而创造出丰富无穷的电影魅力。

电影艺术关于人性和情感的创意

关于人性和情感的创意，这个问题值得单独拿出来详细谈谈。我的基本看法是，人性和情感是多重的和复杂的。因此，单一化的、类型化的人性和情感的创意不符合人性的实际特质。电影创意如果在一部作品中不能表现人性和情感中的不确定性因素，就需要借助情节、故事等方面包含更多的不确定性来弥补这方面的缺陷。电影艺术的魅力与作品中人性、情感的表现是紧密联系在一起的。中国电影的艺术精品《小城之春》《林家铺子》《芙蓉镇》《红高粱》等都表现了人性的丰富性，因此人性本身所蕴含的不确定性就成了影片的主要魅力来源之一。世界电影经典作品几乎没有一部不涉及对复杂人性的探索，例子不胜枚举。

多重、复杂的人性和情感的电影创意与具有"逼真性"的电影摄影技术存在一种直接关系。逼真性被认为是电影的基本特性之一。电影可以逼真地呈现拍摄对象的性质。从照相术发展而来的电影作为一种艺术，类似于一种活动的照相，能够直接再现现实世界的人和事物的空间状貌，可以逼真地反映事物的运动和发展，再现事物的声音和色彩，从而具有比较真实地反映对象的能力。但是，电影只是创造了某种确定性，却并不等于现实，更不等于存在，也不等于观众的主观感受和其对不确定性的否定过程和对确定性的创造过程。因为在拍摄对象被摄影后，还存在一个观众感受的过程。任何人性和情感的特性要借助观众的感受和确定才能形成。因此，演员的表演和导演、摄影的艺术创意应该把观众的感受和完成确定人性和情感的过程考虑在内。

安德烈·巴赞认为电影在原物体与它的再现物之间作为一个无生命的物体发生工具性作用，从而满足了我们潜意识提出的再现原物的需要。但是，在人性和情感问题上，电影只能完成写实的部分工作，剩下的部分在电影外完成。即使电影是写实的，但它并不是现实。因此，安德烈·巴赞关于"一切艺术都是以人的参与为基础的；唯独在摄影中，我们有了不让人介入的特权"这一说法论述了电影在人性和情感问题方面暴露出的明显的漏洞。（其实，不仅在人性和情感问题方面，针对其他问题而言，巴赞的这一说法也是比较武断的。）克拉考尔把电影比作像照相那样是能保持素材完整性的艺术，这种写实主义观点和巴赞的观点类似，容易（但不是必然）使人推导出不利于表现人性和感情复杂性的创意观点，即认为可以借用摄影来实现完全写实。这样容易导致一种倾向，将要表演的人性或感情尽量表演出来以便被摄像机捕捉。这种倾向不是必然存在，但是却显然削弱了对不确定性的想象力。

导演意志与商业意志

探讨电影创意的秘密不可忽视的因素之一是导演意志与导演动机。由于电影自产生之日起，就与技术、商业密不可分，因此电影创意先天就受技术条件和多重意志制约。从 1826 年摄影发明，到 1870 年左右 1/25 秒曝光时间的实现，到 1878 年出现多个采用玻璃感光板的照相机拍摄奔马，然后是 1889 年柯达发明赛璐路底片，电影有了诞生所需的大部分技术准备和实践尝试。结合已经发明的放映装置、底片放映间歇装置、透明易弯曲的底片、快速曝光、遮光快门等机械组合，在 1893 年前后，电影作为技术发明的产物终于诞生了。在电影的诞生过程中，起决定作用的不是艺术家的创意意志，而是发明家和人类希望创造新的确定性的强烈意志。

爱迪生的助理狄克逊发明的"电影视镜"基本上是个人的玩物，只能让一个人透过小孔看电影。法国卢米埃尔兄弟发明了可以公映电影的摄影机和放映机，并于1895年12月28日在巴黎的大咖啡馆进行了电影发展史上的首次公映。我认为，可公映的电影的出现为未来导演意志的相对独立（虽然不可能完全独立）奠定了基础。因为公映可以使电影的意志和大众的意志进行沟通，从而在多重商业意志的对立面形成一个可与其抗衡的多重意志。由多重个人意志汇聚而成的大众意志最终可能对商业意志产生压力和吸引力。导演如果能够捕捉到大众意志，那么其意志就可在大众意志和商业意志之间获得更大的话语权。这也许就是导演创意力量来源的秘密所在。

早期的电影受到技术的限制，其拍摄的对象是非常有限的，大多是一些日常情景片（如《火车进站》）、简单剧情片（如《水浇园丁》）、魔术片（如乔治·梅里爱的作品）等类型。魔术师梅里爱可能是电影史上一个开始使导演意志较为明显地呈现出来的人，至少他是第一个场面调度大师。20世纪初开始，叙事形式的电影成为电影产业中最为重要的形式，导演的意志由于剧情片的上升地位获得了加强，但是电影背后的商业意志从来是最强大的。法国、意大利、美国电影通过商业化运作在第一次世界大战之前就相继控制了全球市场。一战时的欧洲电影被限制了在不同国家间的自由放映，同时美国电影大批进入欧洲市场，逐渐发展成为世界电影工业的主力。由于这些原因，不同国家间的电影形式出现明显的分流。国家的文化、意识形态、民族的审美传统的不同以及商业意志并非完全相同的影响方式使世界上不同国家的导演意志也出现巨大的差异。

商业意志与电影创意的潮流

导演在各自的电影作品中体现自己的创意意志，并通过作品表现出各自的风格。当一群导演的创意意志在各自的作品中呈现相似的风格，并且它们的作品量达到了一定的规模，形成了一定的影响，电影创意的潮流便产生了。电影运动的潮流正是电影创意的潮流。

在电影创意的潮流中，起决定作用的是商业意志。当然，政治、文化、战争等宏观因素也是重要的影响因素。

　　经典好莱坞电影（1908—1927）的创意潮流是由美国电影工业的大众化生产体系的制片制度决定的。大约在 1920 年之前，美国电影工业就形成了相对稳定的结构。在此结构中，少数大制片公司位于中心位置，它们和一些艺术家签约，此外还有一些外围的独立制片人。在这种结构中，商业的意志约束着艺术家的意志。大众化生产体系的制片厂出于商业的考虑，他们的意志指向了叙事形式的电影创意。因为这种创意更加迎合大众的意志，满足大众的喜好。埃德温·鲍特是第一位运用叙事连贯性和发展原则的创意技巧来拍摄影片的导演。他的代表作《火车大劫案》（1903）被很多电影史学家认为是美国经典电影的原型（见图 1－24）。格里菲斯的代表作《一个国家的诞

图 1－24　影片《火车大劫案》中的一个镜头

生》（1905）和《党同伐异》（1906）用交叉剪辑技巧创作复杂的叙事情节，同时尝试用近景捕捉人物的细微表情。托马斯·英斯结构紧凑的《文明》（1915）和《意大利人》（1916）得到了观众的欢迎。西席·地密尔的《欺骗》（1915）则尝试运用"伦勃朗"光来创造电影艺术中新的确定性。《欺骗》这部影片也被认为是好莱坞电影朝复杂叙事形态发展的一个标志。从道格拉

斯·范朋克的《美国人》《狂乱》到《三剑客》（1921），正反镜头的拍摄技巧日趋成熟。电影创意尝试了用来否定不确定性的新方法。到 20 世纪 20 年代末期，好莱坞电影已经形成了比较复杂的叙事模式。这种模式的成熟，体现了电影创意对商业意志的顺从。

德国电影工业的大发展开始于第一次世界大战末期。一战期间，由于官方政治宣传的需要，德国开始打击进口片，支持本国电影工业。政治从而影响了商业的意志。由于政府的支持，德国许多小制片公司合并成立 UFA 公司，迅速控制了德国电影市场，并影响了战后国际电影市场。一战末期，军事宣传片逐渐减产。德国电影工业转向主要生产三类影片：冒险片、性题材影片以及历史题材影片。历史片《杜巴莱夫人》（1919）获得了巨大的票房成功，使德国电影打开了国际市场。该片的导演成为第一位被好莱坞聘用的德国导演。UFA 公司于 1919 年起用三位画家参与电影制作。这三位画家把绘画中的表现主义①运用于电影。表现主义的代表作《卡里加里博士》（1920）引起了轰动。该片的成功使表现主义得以保留在电影工业主流体系之中。表现主义的电影创意虽然在后来被视为艺术电影，但是其早期的成功和流行最为主要的原因是因为 UFA 看到了当时该种潮流在国际大众市场中有很大的卖点，所以给予强有力的商业上的支持。德国表现主义电影运动（1919—1926）的形成，从某种意义上说，仍然是商业意志和大众意志的胜利。表现主义电影的最大特点是利用影像表现人物的内心世界。表现主义电影没落的主要原因也在于经济和商业方面的原因。20 世纪 20 年代，德国开始面临海外进口影片的压力，德国电影公司财政出现困难。表现主义电影巨额的投资更使德国电影公司雪上加霜。茂瑙的《浮士德》（1926）和菲立兹·朗格的《大都会》（1926）被认为是表现主义最后两部重要作品。

法国在 1918—1930 年间同时出现了印象主义和超现实主义电影运动。印象主义运动虽然属于前卫和先锋风格，但仍然属于主流商业电影体系中。超现实主义电影运动则处于边缘，但是也没有离开商业，因为它主要依靠私人赞助来进行拍摄。法国印象主义电影的艺术探索其实离不开电影公司在商业上的大力支持。阿贝尔·冈斯、让·爱浦斯坦等印象主义电影导演都是电影

---

① 绘画中的表现主义大约出现在 1910 年，后来影响到戏剧、文学、建筑和电影。

公司的红人，但是他们不仅仅把电影当作商业产品，他们建立自己的理论，认为电影是艺术家表达情感的场所。他们的电影——阿贝尔·冈斯的《第十交响乐》（1918）、让·爱浦斯坦的《忠实的心》（1923）等强调探索人类情感的不确定性。印象主义流派的得名主要是因为该类电影在叙事形式上努力表现人的内心深处的意识以及强调印象的镜头运动和剪辑技巧。印象派为了表现印象的特征，根据需要可以将摄影机绑在汽车或火车头上。印象主义电影的强调印象的镜头运动产生了深远的影响。印象主义电影由于两个主要原因而衰落：一是得不到国际市场上大众的认可，另一个原因是制片费用不断上升。1929 年的两部巨片《拿破仑》和《金钱》的失败被认为是印象主义电影的终结。但是，印象主义电影的心理叙述、主观镜头和剪辑风格产生了深远的影响。这种延续可在希区柯克等人的作品中看到。超现实主义电影运动则强调不将任何特殊技巧奉为原则，强调打破秩序和理性。该类影片寻求表现潜意识的暗流，走向单纯追求不确定性的极端。由于该类影片很少提供观众可解释的、可认可的确定性，商业意志从来没有全面承认过这种电影的创意。

苏联电影在 1924—1933 年间出现了蒙太奇潮流。十月革命胜利后，电影被视作教育工具的艺术。苏联电影创意很大程度上受到政府意志的影响。政府鼓励新闻片和纪录影片的拍摄。剧情片在 1917 年就开始生产了，但是直到 1923 年《红小鬼》的成功才有了和外国电影相抗衡的可能。蒙太奇技巧开始于 1924 年库里肖夫的电影实验《西方先生在布尔什维克国家里的奇遇》，这部影片和 1925 年的《死光》展现了苏联蒙太奇剧情电影的魅力。爱森斯坦的《罢工》（1925）被认为是蒙太奇潮流的发端。爱森斯坦的《战舰波将金号》（1925）获得国内和国外的巨大成功。这一事实再次证明艺术和商业并不存在必然的矛盾。苏联蒙太奇比较强调表现社会力量与人物命运之间的关系，由于政治方面的压力，该种风格被限制使用。斯大林时期的苏联政府倡导拍摄简单易懂的大众影片。

20 世纪 20 年代，声音技术被好莱坞引进。声音技术引入的成功使好莱坞影片进一步获得商业上的巨大成功。声音技术以及随后出现的彩色技术使电影创意找到了新的用来否定不确定性、创造确定性的工具和方法。1930 年《浮华世家》成为首次使用全新电影彩色技术的影片。1930 年《公民凯恩》

使深焦风格获得注意。深焦风格强调照明，也使灯光技术得到发展，进而电影影像进入强照明产生的硬边时代。所有这些发展，得到了商业意志的极大推动。

20 世纪 40 年代初期开始，意大利电影出现了新现实主义（1942—1951）。新现实主义有经济、政治、文化等多方面原因。战后意大利电影的新现实主义创意潮流产生了一定的影响。新现实主义电影创意的代表作维斯康蒂的《大地在波动》（1947）、罗西里尼的《罗马，不设防城市》（1945）和《骑自行车的人》（1948）等影片曾引起世界的关注。该类影片中任务、行为、动机都非常不确定，结果也是零散和不确定的，现实在该类影片中也是不可确定的。该类电影反映了意大利战后的社会问题和人民的精神状态。新现实主义的非限制性叙述，和常见的经典好莱坞封闭性电影结局正好相反。

20 世纪早期，日本、英国、加拿大、意大利、西班牙、巴西、美国等多国出现了所谓的"新浪潮"电影运动（也称为"青年电影"），运动的推动者在各自的国家和上一代电影工作抗争。这些国家中，影响最大的是法国"新浪潮"电影运动（1959—1964）。法国"新浪潮"电影运动者申明，只承认由电影人所写的剧本的价值，并且批评当时的法国电影制度。虽然如此，但是他们并不排斥好莱坞的商业影片，反而认为美国商业电影的作者有很多具有重要的艺术地位。他们认为有些导演虽然（如希区柯克）参与好莱坞大量生产的制片制度，但是却在作品中体现了明显的个人特征。"新浪潮"电影运动的代表人物特吕弗说过这样一句话："没有所谓的作品，只有作者"——旗帜鲜明地表示了对某些好莱坞影片导演的推崇。这些导演的作品的确实现了导演意志和商业意志的协调或统一。"新浪潮"电影的典型创意特征是随意的表现、影片中的主角往往缺乏明确的目标、因果关系松散、结尾不明确、偶发的幽默感、实景拍摄、大幅度的运动镜头。"新浪潮"电影导演的创意意志中包含着对表现不确定性的追求。受"新浪潮"电影的导演批评的法国电影工业并不排斥这种潮流。1957 年电影业开始面临不景气，主要的原因之一是电视的普及。但是法国电影业的滑坡却使低成本制片的"新浪潮"电影因祸得福，获得了整个法国电影工业在发行、放映、甚至制片方面的支持——因为"新浪潮"电影制片模式为不景气的法国电影工业找到了一个出路。"新浪潮"电影创意方法的影响是比较深远的，虽然电影史学家认为"新浪潮"运动到 1964 年基本结束，但直到 20 世纪 90 年代仍有代表作品推出。"新浪潮"电影的命运，说明当商业意志和电影创意潮流在生产制片方式上如果能够达成共识，则可以使导演意志和商业意志同时实现。

20 世纪 60 年代中期，好莱坞电影工业则出现一片繁荣景象。《音乐之声》（1965）、《日瓦戈医生》（1965）是这个时期的代表作。但是，由于电视网不肯花大钱购买这类高成本影片，好莱坞电影工业陷入困境，商业意志使电影创意流向一种被称为"反文化"的电影。这种电影迎合年轻一代观众的口味。一批年轻的导演涌现出来。他们在传统的经典好莱坞电影中加入了许多个性鲜明的风格（如《教父》《出租车司机》《愤怒的公牛》就是这个时期的经典作品）。有些导演还借鉴欧洲电影的风格，发挥独特的个性电影。20 世纪 80 年代，卢卡斯、斯皮尔伯格、詹姆斯·卡梅隆、蒂姆·伯顿、罗伯特·泽梅基斯等导演推动了主流电影的复苏。20 世纪 70 年代、80 年代开始没有再出现影响巨大的电影潮流。如果有的话，那就是好莱坞主流电影在商业意志的带领下横行世界。好莱坞主流电影是典型的商业艺术的集大成者，它吸收了各国的导演，吸收了各种不同的电影创意形式、风格和叙事方式，经过"好莱坞化"吸引全世界各种口味的观众。电影艺术已经成为商品，观众成为其消费者。电影的创意者因此要像生产任何产品一样，向特定的消费者提供有价值的产品。因此，了解观众也是电影创意的秘密所在。

其实，制造生产任何产品都是人类的创造活动，都包含创意的成分。艺术难道不能成为产品吗？只要商业艺术仍然创造"美"，它将仍然是艺术。商业艺术的意志可以服从于商业意志，但是只要它为减少不确定性付出努力，为增加"美"的确定性而不断追求，它将永远是艺术。

电视剧

传统的艺术审美感悟，已经被现代传媒的感官享受肢解。与电影有某些类似的艺术形态的是电视剧，在此也对其作为商业艺术与商业的相关性，以及其创意秘密作一点简单的讨论。电视剧作为一种最为常见的大众文化，在使五大传统艺术（绘画、雕塑、诗歌、音乐、建筑）的审美大众化的过程中可谓功不可没。电视剧对日常生活的频繁介入已经使其自身转化为大众生活的一部分。电视——电视剧的寄居所——使电视剧在本性上就具有某种喧嚣的性格，这一点和电视广告类似，所以电视剧和电视广告作为一种结合，可谓"臭味相投"。

如果电视剧是艺术，它必然带有商业艺术的特征。当代电视剧作为一种文化形式或艺术形式在很大程度上受商业意志的决定。电视收视率（类似于电影的票房）给商业意志提供了方向，而意志指向的是那些可以带来广告费和赞助的作品。因为，收视率高意味着有大量的观众在看（倒并不完全等于喜欢看），也意味着商家可以依托这些作品向观众传递相关的产品信息。待推销的商品、服务或观念是观众、电视剧、商家、广告之间的真正联系。

电视剧的艺术创意不应该忽视观众、电视剧、商家、广告之间的真正联系。商业特性并不等同于必然丧失艺术的特性，而是给艺术创意提供了某种形式上的约束，给艺术创意提出了更大的挑战。传统的艺术审美感悟同样可以在电视剧中被唤醒。大众审美的水准并非简单由艺术形态决定，而主要决定于生产力的发展、社会的经济基础以及文化和审美观念在社会群体中的流动。传统艺术审美感悟的唤醒和新的艺术审美感悟的创新是一个动态的过程。

关键的问题在于，艺术创意者自身是否也丧失了水准与规范。普希金曾说，每一位艺术家均由自己的律法所规范，而这些律法对其他人却绝对没有强迫性。康德则用头顶上的星空来比喻最高的法则。"美"具有某种抽象性，形式是外壳，世俗与高雅是形式的外壳，艺术创意的秘密源自于对头顶上"星空"的感悟。商业意志与商业艺术创意并不存在必然的冲突。商业艺术虽在外壳上受到商业意志的约束，但并不妨碍艺术创意的"灵魂"求索。

体　育①

来自于不确定性的体育魅力

也许你不认为体育是商业，也谈不上是商业艺术。然而，我想说的是，当体育变成了大众体育（见图 1－25），尤其是成为"媒体"体育之后，它已经不可避免地成为商业活动的一部分。虽然体育本身也许并非商业活动，但是商业活动必然使体育带有越来越多的表演成分，而商业艺术的创意必然如

图 1－25　TOKYO DOME 内的棒球赛（何辉，摄于东京 TOKYO DOME 棒球馆内，2003 年）

这是笔者拍摄的一张典型的棒球赛场景。现场体育是大众体育，充满了商业气氛，体育馆是一个商业创意的集合地

---

① 这部分的思考受到我前期所做的一项关于体育商务研究的启发。在已发表的一些研究成果基础上，我对体育商务与商业艺术的关系产生了浓厚兴趣。在本书中，我并不是希望形成关于这方面问题的定论，而是希望从另一个视角来思考体育，即把它视为具有艺术特质的体育以及商业艺术创意的战场来加以思考。

无孔不入的空气，渗入体育表演的每一个"毛孔"。

体育为什么能够吸引人去参与和观看，这本身是一个非常有趣的问题。我的观点是，就体育活动本身而言，其吸引人去参与和观看的内在原因也是一个和不确定性有关的问题。任何一项体育活动都是对某种或多种不确定性的否定。而且，如果体育运动方式和规则包含的不确定性越大，似乎就越能激发参与者和观看者的兴趣。原因也许是由于存在大量的不确定性，意味着人需要在体育运动中完成对大量不确定性的否定。正是对大量的不确定性的否定，使大量的不确定减少的人类的努力，体现了人类的精神，从而不仅使体育运动本身表现了具象的"美"，还在参与者和观看者心中激发了对抽象的"美"的感受。

足球、篮球、排球等由团队形式开展的体育项目包含了巨大的近乎无限的不确定性，因此其能够吸引大量的观众。相对而言，田径、游泳、体操、举重等体育形式则由小团队或个人完成，所包含的不确定性相对较小，因此其吸引的观众也相对较少。

我相信有一个等式可以大致成立：

体育项目包含的不确定性越大 = 体育项目的魅力越大 = 体育项目的商业价值越大

体育项目所包含的不确定性是由多重不确定性构成的。人们说，"足球是圆的"，并为之如痴如狂。人们说，巴西的足球是艺术。是什么制造了足球运动的魔力，成就了它的艺术化呢？我想通过一个较为抽象的层面来探讨这一问题。再次强调我的观点：体育所包含的不确定性是由多重不确定性构成的。以足球运动为例，第一层不确定性蕴涵在足球球体的运动中；第二层不确定性蕴涵在单个足球运动员的身上；第三层不确定性来自于单个足球运动员和同队其他队员的配合上；第四层不确定性来自于两个足球队的对抗过程中；第五层不确定性来自于足球对抗赛的环境；第六层不确定性来自于该项运动规则本身所制造的不确定性。这六重不确定性混合在一起又相互互动影响，因此足球运动所包含的不确定性近乎无限（见图1-26）。当然，足球运动由于参与者不同，球队运动状态不同，不同足球运动员、不同球队的表现就会不同。当某个足球运动员具备精湛的足球技巧，就可以提供更多的不确性，带给观众更多的惊奇和意外，所以人们说这种球员富有想象力。足球运动员的

图 1-26　小小的足球，由于人的参与、规则的制定充满了无穷的不确定性

状态也影响其产生和否定不确定性的量与质。一个懒惰的球员、一个不积极的球队通常由于无法创造更多的确定性和否定更多的不确定性而使观众丧失兴趣。整场足球赛是不断制造确定性、否定不确定性、又产生新的不确定性的循环过程。篮球与足球类似，因此也富有巨大的吸引力和刺激性。NBA 的风靡就是一个现实的证据。

　　体育在与不确定性的艰苦对抗中成为一门艺术。棒球运动每一次击球都是与不确定性的对抗，即使最优秀的棒球运动员，击球率一般也低于 40%（见图 1−27）。跳高是与高度所包含的不确定对抗。每升高一厘米对运动员来说都包含一种能否征服的不确定性，而要克服这种不确定性则必须经过艰苦的训练。赛跑则是和速度所包含的不确定性进行对抗。篮球运动之中所包

图 1−27　美国历史上著名的棒球运动员乔·迪马乔（Joe DiMaggio）在 1941
年 6 月 29 日的一场比赛中
　　最优秀的棒球运动员击球率也很难超过 0.4。棒球是一项和不确定性做对抗的
运动

含的不确定性比起赛跑所包含的不确性具有更多的戏剧性因素（见图 1−28）。体操的每一个环节都包含着不确定性，任何差池都可能导致失败甚至要

图1-28　篮球运动的巨大魅力与其所包含的不确定性所带来的戏剧化因素是分不开的

付出惨痛的代价。对不确定性的征服同样成就了体操永恒的魅力。任何一项体育运动都需要运动员具备高超精湛的运动技艺，掌握它们需要运动员进行长期而艰苦的训练。从这种意义上说，任何体育运动都具有艺术的特质。那些由具备精湛技艺的运动员奉献的体育表演，从某种程度上说，就是艺术。古代希腊人把体育置于和艺术同等的地位并不是没有道理。

体育与商业的联姻

当我们谈到体育与商业的联姻时，请不要认为这是一个不够高尚的论题。如果承认由具备精湛技艺的运动员奉献的体育表演是艺术（而且值得注意的是，商业恰恰就喜欢和这种高超精湛的体育表演联姻），那么商业和体育的联姻就形成了一种特殊形式的商业艺术。

这种特殊形式的商业艺术的创意秘密一方面来自体育本身；另一方面来自商业的经营。体育本身的创意者是运动员、教练以及相关辅助人员。他们的训练、谋划就是体育作为艺术形式、艺术技巧所包含的创意。体育来自商业方面的创意则包含了多重意志，它们创意了体育的包装并促进了体育的增值。对第一个方面，前面其实已经论及，接下去，我想重点谈谈第二个方面。

体育来自商业方面的创意和体育商务、体育营销无法分割。什么是体育商务？什么是体育营销呢？体育营销和体育营销创意会涉及哪些权利问题呢？体育营销的意义又是什么呢？商业艺术创意者如果想在体育领域发挥自己的创意潜能，就必须解答这些问题。了解这些问题，可以帮助我们解析体育作为商业艺术所包含的创意秘密。

简单地说，体育商务是指围绕体育展开商业性活动。体育商务的出现是与专业（职业）体育的发展分不开的。当今一半以上的体育活动诞生于英国。很多体育项目是19世纪确立起来的。这些体育项目包括高尔夫、网球等。但是，那个时候，这些体育运动只是少数人享有的，并非是现代意义上可以观看的体育运动。后来，许多体育项目传到了美国，开始逐渐普及化、大众化。体育成为更多普通人业余时间娱乐的游戏。比如，美国棒球的大发展是伴随着大众球场的出现而出现的。体育项目获得大众喜爱促成了专业体育选手的出现。一些人由于具备高超精湛的运动技艺而受到非专业的普通大众的喜爱。专业选手成为体育方面的专家和人们注目的焦点，看专业选手比赛需要买门票，就像看任何艺术演出或电影一样。专业选手的诞生是体育商务的原点，专业体育靠几乎固定的爱好者们的支持。当大众集中起来观看专业选手的体育表演时，巨大的商机便产生了。同时，围绕着专业体育表演，巨大的商业艺术的创意空间就出现了。

专业选手通过参与的团队获得更多的收入。团队像电影需要明星，为了获得更好的队员，他们就收取更高的运营费、电视转播权费。这样，他们才能获得巨额资金来吸引和购买好选手，也才能对体育通过商业艺术的创意进行包装和运营。有些项目（如高尔夫）是没有团队的，这类体育运动的选手就需要凭借自己的体育艺术，通过参加比赛来获得奖金。体育团队和选手对更高收入的需要，是促成体育商务最原始的动力。体育比赛的门票收入、体育团队的商业化运营是体育商务最初的形式。在这些环节中，体育明星就像电影明星一样需要包装。商业艺术创意在其间也变得不可或缺。集中型业余体育竞赛赛事的举办，使业余体育也变成可让大众观看的体育内容，这也是促成体育商务的另一主要动力。当然,各种业余赛事并非都是追求单纯的体育艺术和娱乐。运动会、业余比赛都需要资金。赛事规模越大,需要的运营经费就越多。这些业余体育的赛事一般需要国家的支持,或是出让电视转播权来获得发展所需的经费。

体育艺术特质的再现与体育商业价值的增加

我们前面说过,从这种意义上说,任何体育运动都具有艺术的特质。那些由具备精湛技艺的运动员奉献的体育表演,从某种程度上说,就是艺术(不仅仅是作为"技术"的"艺术",而就是一种"艺术",因为精湛的体育表演本身是对人存在意义的一种追求和探索)。观众观看运动员的表现、期待他们的结果,就类似于期待通过看艺术品获得感动。体育让观众通过观看获得的生命感动,是体育的意义所在,也是体育的艺术本质所在。

体育的艺术本质需要通过某载体呈现,使观众看到并获得感动。观众是通过何种途径获得感动的呢?如今,人们获得体育带来的"感动"主要有两种途径:一种是现场观看;另一种是通过电视等其他媒体观看或获得信息。所以,在现代社会,谈到体育,就离不开媒体。1930 年,广播可以进行体育跨国传播。有声电影出现后,开始有了在电影前放的体育新闻片。1936 年,柏林奥运会通过广播向全世界进行了转播。1938 年,英国足球赛是 BBC 转播的。20 世纪 50 年代,体育赛事经过微波进行转播。20 世纪 60 年代,人造卫星开始用于转播。

看体育,看到的是一瞬间的东西,所以体育运动拥有很大的不确定性。各种媒体的发展使体育商务的价值大大增加,并且再现了体育的艺术特质。体育的不确定性,尤其使电视的特性得到最大限度的发挥。因为,电视的直播可以将体育的不确定性带到可以看电视的每一个观众的眼前。电视技术的发展,慢动效果等技术使电视可以加强观众的临场感。电视媒体的出现,使体育艺术的特质得以在电视荧幕上再现,也同时使体育的商业价值发生了量与质的飞跃。

商业艺术创意、体育营销及权利业务(Rights Business)

围绕体育从事各种商业艺术的创意者必须了解"权利"的意义。体育艺术特质的再现和强化，使得体育内容对大众具有了特殊的吸引力。这种吸引力被商业活动所捕捉，用以作为商业营销，从而便有了所谓的体育商务和体育营销。因此，体育不仅自身可被看作一种艺术创意，它也为其他各种各样的商业艺术的创意提供新的载体和表现空间。体育营销是体育商务的一个构成部分。广告界人士普遍认为，当媒体和体育发生联系后，真正的体育营销才开始出现。因此，在现代商业运作中，所谓的体育营销，是指权利拥有者和购买者之间通过相互了解，把体育看作媒体体育，通过提高媒体价值来进行商品化和服务化活动，并借此促进市场创造的过程。[①] 需要强调指出的是：体育营销中所指的体育，是指商品化的体育。商品化的体育既包括职业体育，也包括业余体育，但是其中大部分是职业体育。体育营销中体育市场的构成要素主要有三个：1. 商品（即体育内容以及各种相关权利）；2. 权利所有者（商业主体）；3. 购买者（愿意为某种价值支付金钱的买家）。

体育内容是体育营销的依托。体育营销中涉及大量的、多种的权利问题，权利为体育中的各种无形资产赋予价值。这些权利包括：体育赛事的主办权（关系到门票收入的归属）、电视转播权、比赛的冠名权、赞助权、体育团队/选手的肖像权、体育赛场的广告权、商品的特许经营权，以及由这些权利派生出来的许多衍生权利。由于电视媒体介入体育赛事的转播，使体育内容具有了巨大市场营销价值，电视转播权实际上成为体育营销得以展开的一个重要基点。由于体育市场中三个要素的存在，在以电视转播权等诸权利为基点的体育市场中，体育营销对于不同要素具有多个层面的含义。

各种体育联盟、体育赛事的组织者、企业或媒体都可能成为体育赛事的举办者。获得门票收入的权利通常由体育赛事的举办者拥有。当然，举办者也可将获得门票收入的权利通过协议的形式进行全部或部分转让。

许多大型体育比赛的电视转播权价值巨大，体育比赛的电视转播权通常也由赛事的举办者拥有。体育联盟和具体赛事的组织者有时也分享主办权，因此也按照一定比例分享转播权。通过转播权转让获得的收益通常会在体育联盟和具体赛事的组织者之间进行某种比例的分配。转播权的购买者通常是媒体，也可能是从事体育商务的公司，如国际体育娱乐公司（ISL）、电通等。

---

① ［日］间宫聪夫：《体育商业的战略与智慧》，［日本］棒球杂志社 1995 年版，第 19 页。

体育所引发的各种商业艺术创意创造了大量的高价值无形资产。体育团队（从服装衣帽设计到各种宣传照片和影像，体育团队包含了无数的商业艺术创意）、体育组织的赛事电视转播权（无数的商业艺术创意体现出来的综合价值的抽象物）、标志（LOGO）、商标（Trade Mark）、吉祥物、奖品/纪念品、音乐等高价值的无形资产也可以产生各种衍生权利。许多体育组织通过各种手段和措施来保证各种无形资产和衍生权利不受侵犯。

以 FIFA 为例：FIFA 在权利开发和保护方面可以说是走在世界的前列，它近年来努力使自己的商业行为更加合理化。具体说，FIFA 正在试图丰富赞助商（Sponsors）的涵义，根据不同性质的合作行为赋予赞助商不同的权利，使赞助商结构化、细分化，以开发和保护其所拥有的各种无形资产和相关权利。FIFA 在自身内部设立了 FIFA 市场营销机构（FIFA Marketing AG），它的任务包括征召 FIFA 官方合作者（Official Partners）、FIFA 官方供应商（Official Suppliers）、FIFA 世界杯和 FIFA 有关比赛的特许经营商（Licensees），并且为他们服务，同时为他们创造各种营销机会，帮助他们发展营销方案。只有 FIFA 官方合作者、FIFA 官方供应商、FIFA 世界杯和 FIFA 有关比赛的特许经营商以及获得转播权的媒体才有权声称是"和 FIFA 世界杯具有直接联系的商业实体"。其中，FIFA 官方合作者享有一整套打包的权利，包括可以在比赛期间、在正式出版物和媒体中使用官方标志（LOGO）、商标（Trade Mark）、官方吉祥物的视觉形象、世界杯奖品/纪念品视觉形象等。FIFA 官方供应商、FIFA 主办城市和参与举办的国家性协会被授予相对较少的权利。FIFA 认定的媒体可以获得与 FIFA 通过协议确定的转播权以及相关权利。各种

图 1 - 29　著名的 FIFA 标志，作为商业艺术创意的优秀作品，具有巨大的商业价值

相关权利都和商业艺术的创意发生密切的联系。其实，FIFA 自己的标志早已经成为一种包含巨大价值、拥有巨大权利的商业艺术创意（见图 1 - 29 ）。

许多不同的体育团体/组织都有自己的规定，以开发和保护自身拥有的无形资产和相关的商业艺术创意。了解体育营销的内涵和其中所涉及的权利业务是开展体育营销的基础，也是在商业体育的决斗场中进行商业艺术创意的认知基础和观念基础。

体育营销：商业艺术创意又一个决斗场

商业艺术创意几乎可以发生在体育营销的各个环节。体育营销是体育商务的重要构成部分。体育营销有多种形式，比如，体育赛事的冠名，赛场的广告，电视转播中的插播广告，体育赛事期间的印刷广告，利用体育团队或体育联盟的标志从事商业活动，利用体育内容进行促销活动等等。

对于选手、体育团队、体育联盟来说，体育营销使各种权利有存在的价值和实现的可能，通过权利的转让，他们可以获得收益。比如，企业赞助可以使选手获得奖金，因此可以吸引好选手，从而吸引大量观众。大量的观众又可使电视转播权炙手可热，从而使选手和赛事举办者获得更高收益。

对于媒体来说，体育营销的存在使其拥有的或通过购买所获得的转播权具有很高价值。由于拥有了好的体育内容，他们就可以吸引观众和读者，最终又可提高媒体自身的价值，获得更高的广告收入。比如，日本的《读卖新闻》① 拥有巨人球队是其拥有大量忠实读者的重要原因之一。而《读卖新闻》主办日美棒球赛，重要的意义也在于可以拥有好的媒体内容，提高自身价值。

对于企业来说，体育营销和相关的商业艺术创意使他们找到和消费者进行接触与沟通的新途径、新办法，从而为自身获得更多的商业收益与更好的发展机会。阿迪达斯和耐克等企业都是利用体育进行商业艺术创意并和消费者进行沟通的高手（见图 1 - 30、图 1 - 31、图 1 - 32）。具体而言，企业从事体育营销的意义主要有三个方面：1. 体现企业和品牌的存在；2. 依靠体育营销实现品牌暴露；3. 实现价值转移。这三个方面的意义也体现了在不同的时代发展阶段，企业从事体育营销的不同目的。在企业从事体育营销的早期（20 世纪 70 年代），主要是为了体现自身的存在，形式以企业冠名为主；之后，企业开始利用体育营销追求品牌暴露（20 世纪 80 年代），形式以赛场广告为主；如今，企业强调寻求企业战略和体育内容的结合点，利用体育营销实现价值转移（20 世纪 90 年代后），形式以战略性广告战役和赞助相结合为

---

① 日发行量达 1400 多万份，是世界上发行量最大的报纸。

主。[1] 当然，在如今的营销世界中，这三种目的不同的体育营销形式常常是混合在一起的，只不过针对具体的情况有所侧重。比如，美林公司通过赞助日美棒球赛在日本迅速提高了知名度，开拓了市场，并发展业务。赞助日美棒球赛，对于美林来说，在打入日本市场的阶段，主要目的是为了体现企业的存在和品牌的暴露，当然，这一赞助行为也利用了棒球运动在日本人心目中的价值。

图1-30 阿迪达斯的"空中足球"户外广告创意

在东京一幢大楼顶部的户外广告牌上，悬挂着两位足球运动员（真人）在踢足球

对于体育爱好者和大众来说，体育营销、商业艺术的创意使他们获得了更多的观看体育的"感动"，使生活变得更加丰富多彩。

---

① 参见海老塚修：《体育营销的发展与意义》，《品牌与传播国际论坛——纪念中日邦交正常化30周年》（2002年研讨会资料），第59—61页。

图1-31　阿迪达斯的"空中百米
赛跑"户外广告和公关活动创意
　　在香港一幢大楼侧墙上出现了阿迪达斯
的标志和百米跑道。运动员（真人）在竞相
往楼顶"奔跑"

图1-32　耐克用令人震惊的实物展示来做促销

体育营销与商业艺术创意的商务土壤

体育并不是进行营销必然加以依托的内容和工具。体育营销也并非只有靠广告公司才能进行。体育营销以及与该领域相关的商业艺术创意之所以出现，是因为有其发生和发展的土壤。体育营销和相关的商业艺术创意"土壤"的生成主要有以下几方面的原因：1. 有合适的体育内容；2. 企业想要把体育作为传播的工具。如果企业没有这种想法，体育营销和相关的商业艺术创意是根本不能存在的。企业完全可以采取其他形式的营销。换个视角来看，体育之所以可以作为营销工具相关的商业艺术创意的决斗场，是因为某些体育内容可以满足企业开展营销的需要。3. 体育营销的存在是因为有提供体育内容的一方，并且这一方向人们提供的体育内容是人们喜爱、关心和愿意观看的。4. 有为开展体育营销进行工作的公司或个人。

美国、日本等国家的体育营销已经走向成熟，是因为他们具备了进行体育营销的"土壤"。对于中国来说，由于市场发展较晚，人们对体育内容的消费水平还相对较低，因此，全面进行体育营销的"土壤"还没有生成。但是，在中国一些局部市场，针对特定的消费群，体育营销已经具备了一定的可能性。开展体育营销的可能性能否转变为现实性，能否创造巨大的商业艺术创意的空间，关键在于对某个体育消费群体有没有开展营销的价值，即营销投资的回报能否高于营销投资的成本。不同的人对不同体育内容的关心度会有差别。日韩世界杯，日本的专业棒球赛受到很多人的欢迎，因此，有关这些体育运动的节目收视率很高，大量的商业艺术创意也就可以依靠体育赛事和电视节目而展开。对于企业来说，利用这些内容进行营销就很有价值，因为它们能够吸引观众的注意力并让他们感动。大量的商业艺术创意也就在这一过程中发生。中国不同地区之间的市场发展程度有很大的差异，人们价值观的差别近年来也越来越大。如果企业对所有的消费者进行完全细分，用不同的策略到达不同的消费群，花费将会很大。当喜欢某种内容的人数达到了一定的数量，企业预计的营销投资回报大于营销成本，对受到有一定数目人们欢迎的内容进行投资，就成为企业的有效选择之一。如果合适的体育内容能够满足消费者和企业两方面的需要，体育营销和相关的商业艺术创意就具备了可能性。在这种情况下，广告公司、媒体或其他性质的机构或个人，才可能在消费者和企业之间，作出努力来协同进行有效的体育营销和开展相关的商业艺术创意。

其他有关商业艺术创意的问题

商业世界的纷繁复杂、包罗万象造就了丰富多彩的商业艺术创意。即使是公认的传统五大艺术形态，也和商业艺术创意发生密切的关系，并且出现了部分的变异、混合或趋同，比如建筑、音乐等等。还有些特殊的活动、事物或现象，也和商业艺术创意存在密切的关联性，值得做相应的思考。

建筑在商业社会中也在一定程度上成为了商业艺术。许多现代的企业把建筑物作为企业文化的一部分，作为企业身份的重要识别。这种要求促成了建筑艺术承担商业价值的功能，从而某种程度上使建筑艺术演变为商业艺术。因此，建筑这一艺术创意活动在某些时候，应商业方面的要求，也具有了商业艺术的创意特征。世界上最大的广告公司——电通公司在日本东京汐留的总部大楼，从内到外，都显示了丰富的公司文化对建筑艺术的启发，也显示了建筑创意对公司文化的呼应（见图 1 – 33、图 1 – 34）。

图 1 – 33　作品：《电通总部大楼外观》（何辉，摄于东京电通总部大楼，2003 年）

这是笔者拍摄的一张电通大楼外部的照片，简洁内敛的建筑创意风格显示了电通公司文化的一个方面：立志高远，踏实沉稳

　　音乐的商业艺术成分的典型代表是各种形式的演唱会。对大批观众举办的各种类型的演唱会在举办形式上就是一种商业行为。演唱者（音乐家）为了感动观众，他（她）必然需要使自己或自己的作品对于观众来说具有吸引力。音乐家、作品以及商业的包装是吸引力的来源。这些因素在现代的演唱会中混合在一起，很难分开（见图1－35）。

图1－34　作品：《电通总部大楼一楼大厅》（何辉，摄于东京电通总部大楼大厅，2003年）

**　　这是笔者拍摄的一张电通大楼一楼大厅的照片，简洁流畅的线条和结构显示了电通公司文化另一面：灵活多变**

　　因此，从演唱会层面上讲，任何一个演唱会都是商业艺术的具体表现，是诸多商业艺术创意的综合产物。音乐电视是音乐商业艺术化的另一重要产物。音乐电视常用的创意技巧是利用浓缩编码技术，将大量不相关的视觉信息通过复杂的剪辑技巧进行处理，从而传达某种复杂的文化含义。

　　摄影在现代社会已经发展出明显的商业摄影分支。商业摄影艺术为广告、杂志、报纸等提供重要的创意支持和内容支持。

　　卡通/动画也是商业艺术的创意"舞台"。电影、电视、电脑，特别是电脑游戏、网络游戏的出现，使卡通/动画艺术的创意空间常常给人一种错觉，认为它（它们）只是小孩的游戏或者闲暇的玩物。但是，卡通/动画艺术创意常常可以表现出创意者对社会、人生等的独到见解。卡通/动画由于电脑特技的运用，具备了创意形象的新技巧。电影、电视、游戏又使它（它们）蒙上了浓厚的商业特色，成为重要的商业艺术创意形态（见图 1 – 36、图 1 – 37、图 1 – 38）。

图 1 – 35 CHIVAS 的一则广告，利用 NORAH JONES 的亚洲巡回演唱会宣传自己

图1-36　著名的唐老鸭卡通形象。这是1948年的一幅作品

图1－37　电影《狮子王》中的卡通形象

有些人可能会提出一个疑问，如果按照这种逻辑，在商业社会中，岂非一切都可能发展为商业艺术？我的答案是：不会。以赌博为例，轮盘赌等各种赌博形式的背后的确隐含着商业创意秘密，但是它们不能被称为"商业艺术"的创意。赌博为什么对很多人具有吸引力？空虚所制造的赌徒数目可能要超过贪婪所制造的赌徒。因为空虚产生于人对某种不确定性的过激反应和消极反应。过激和消极混合在一起如同具有催化作用的毒药，反过来又加强了人对某种不确定性的过激与消极反应。贪婪，作为人性的可能的构成部分，也产生于对人的真正价值的不确定性，因此需要借助占有各种形式的财富来否定不确定性。然而更为有趣的是，由于某种更为深层的原因，人类否定不确定性的方法和途径之一恰好是去选择和参与某种不确定性。精明的商人捕捉到了人类对于某种不确定性的否定意图，也捕捉到了人类倾向于选择和参与某种不确定性的倾向。但是，赌博这种活动所包含的游戏规则虽然体现了否定不确定性的人类活动的普遍意图，但是它没有体现关于艺术的公认特质（如追求具有终极意义的"美"、探索"知"的理念等），因此，它不会被人们称为商业艺术，除非人们改变了关于什么是艺术的公认的标准。（虽然，赌博这种活动所包含的游戏规则本身、甚至是人参与这项活动的技能本身并不存在先天的罪恶——因为规则和技能并不必然导致丑陋和罪恶。但是赌博常常诱发的是贪婪、险诈和罪恶。人们会把巴西的足球称为"足球艺术"，但很少会把拉斯维加斯的赌博称为"拉斯维加斯的赌博艺术"。这也就是为什么当一个人即使经过艰苦的训练而获得精湛高超的赌博技艺，人们也不会把他称为商业艺术家或艺术家。）

图 1-38　在电影和特技中
获得"重生"的漫画卡通形象
"蜘蛛侠"

　　艺术借助商业的力量，以商业艺术的形态，去实现艺术的使命——去从事"美"的追求，去探索"知"的理念，去震撼人的心灵，去阐述生命的价值，去思考存在的意义（即使找不到确定的答案）……——这难道不是功德无量的事吗？从这种意义上说，商业艺术是没有罪过的。商业艺术家（创意者）除了在自己的内心有明确的目的，还需学会从对象的心中激发艺术的力量。商业艺术家（创意者）需建立与消费者的心灵互动，发挥艺术的"特洛伊木马"① 的力量，而不是简单地屈从于消费者的意志或其他任何商业意志。

---

　　① "特洛伊木马"：在传说的特洛伊战争的后期，希腊人制造了一只巨大的中空木马，将一批士兵放于木马中，然后故意将其遗留在特洛伊城外。特洛伊人把木马运入城内后，木马中的希腊士兵悄然溜出木马，打开城门。希腊人因此最终攻占了特洛伊城。在此将艺术比喻为"特洛伊木马"，意为艺术可以借助商业的力量来实现自身的追求。

商业艺术家（创意者）作为艺术家，也应该有创作者自我表达的诚意，应该有所屈从，有所放弃，但有所保留，有所坚持。因为，只有保持某种（哪怕是部分、甚至是少许的）艺术特质，商业艺术才有资格带上"艺术"的称号。同样，一个人可能是专业导演、是专业广告创意人，或是专业设计、或是运动员、音乐人，如果他丧失了所有的艺术特质，那么他就不能算是艺术家，哪怕是商业艺术家也算不上。

打开思考的空间

　　商业艺术的创意是一场探询和贩卖不确定性与确定性的游戏。商业艺术的创意秘密在于在多重创意意志共同作用下展开，并最终作为多重意志经过冲突、调和的产物而存在，并在这种存在中同时保持一定的艺术特质。

　　种种商业艺术的创意最根本的动因看起来似乎是商业活动以及商业活动背后的利润驱动。然而，如果从更为宏观的、更为抽象的层面来思考，商业活动本身不就是另一层面的创造活动吗？那么商业活动的最根本的动因是什么呢？进一步思考，人类所有的活动不都是某种形态的创造活动吗？宇宙间的一切不都是某种形态的创造吗？那么所有不同层面的创造活动都是由什么动因驱动的呢？这个问题显然不能通过探寻商业艺术的创意秘密作出回答，我们的思维必须打开翅膀，向未知的、神秘的、更为遥远的思维空间飞翔。我坚信创意的秘密必须从"形而上"和"形而下"的统一中去发掘。如果以上主要是在"形而下"方面的探密，那么下面的部分可以说主要是在"形而上"方面的求索。

　　接下去，我将和你一同进入更为激动人心的、更具挑战性的关于创造的思考，去探询更为抽象的创造的动因、泛创造的规律、人类创造的规律以及创造力和创造性思维的规律，而这些思考必将给我们以某种启迪，有助于我们探索各种商业艺术和非商业艺术的创意秘密和创意规律。

第二章 创造的动因

内心深处的两个问题

当我开始关于创造的思考时，我便开始沉浸于一团交织着痛苦与欢愉的混沌之中了。是什么引起了创造——各种各样、千奇百怪的创造？是"创造"引起了创造吗？我企图能抓住创造的动因的一线亮光。

我有时只是隐隐感到，有时，却又无比强烈地感到，人类对不确定性的某种奇妙难言的感受。我几乎找不到合适的词语来形容、来传达这种感受。是的，至今也未能，以后也许也不能。然而，为了把思考进行下去，我不得不勉强找一个词来形容和传达这种感受。我所要用的这个词就是：惶恐不安。它在这个问题上的传达力显得如此微弱，而且又缺乏足够的准确性，但毕竟它是一个大家熟悉的词，并且至少是一个带点生动色彩的词——这可以使我们的思考不至于一开始就陷入枯燥无味的境地（这种问题的思考，有时的确会显得枯燥无味的）。好吧，让我们就从"惶恐不安"开始我们的思考吧。

基于对"惶恐不安"作的必要的解释，下面的话应该不会像一只苹果突然掉落在你的头上令你感到突然。

是的，我如此不确定地感到，整个人类都处于惶恐不安之中。这种惶恐不安也许在世界上第一个人出现时便出现了——出现在第一个人的内心深处。这是人类先天的惶恐。这种惶恐不安源于两个最主要的始点的缺失，或者说是源于两个最主要的始点的不确定性：一是人不知"存在"何时开始存在；一是人不知"我"的存在开始于何时。

"存在"始于何时何处

"存在"何时开始存在，对人类而言将永远是个谜。如果"存在"的始点存在的话，那么这一始点又存在于何处呢？如果这一始点的确存在于某处，那它又怎会是"存在"的始点呢？

在"存在"问题上，我们会感到我们思考的困境。让我们从不知始于何时何处的"存在"退一步，而以宇宙的起源来说明这种困境吧。因为"宇宙"这个已被大家熟知的名词所代表的"存在"似乎离我们的思考的"触须"更近一些。关于宇宙的静态论和动态论是现代科学界所谙熟的，而自从"红移"现象①的发现，宇宙动态论开始为较大多数人所接受。静态宇宙的尺度不随时间而改变。爱因斯坦在他的方程式的探索中发现他的方程要求宇宙随时间的流逝膨胀或收缩。他似乎缺乏预言宇宙膨胀的信心，从数学上引入了某种斥力以对抗作用在物质上的引力的拉拽。这种力如果包含入广义相对论，就可得到所谓的爱因斯坦静态宇宙。1922 年，数学家和大气物理学家弗里德曼（Alexander Friedmann）经过研究爱因斯坦的计算结果作出了宇宙不可能是静态的预言，并说服了爱因斯坦，使其认识到他所引入的额外斥力（宇宙学常数）是没有意义的，从而使爱因斯坦修正后的广义相对论更具伟大的科学意义。1932 年，哈勃（Edwin Hubble）的观测证实了弗里德曼的预言。哈勃在仔细测定许多星系光谱中特征谱线的位置后，证实了遥远星系的红化意味着它们的光波波长正在变长。他认为，光波变长是宇宙正在膨胀的结果。于是，宇宙动态的膨胀理论的科学性大为增强。1965 年，罗伯特·彭兹亚斯（Robert Penzias）和阿诺·威尔逊（Arno Wilson）发现了宇宙背景热辐射，使大爆炸理论被更多的人接受。大约 150 亿年前，时间、空间和物质肇始于一次空前绝后的大爆炸事件——这就是大爆炸之说最简单的表述。

然而，不论宇宙是静态的还是动态的，是稳恒的或是膨胀的、是暴胀或是以一定速率膨胀，我们最终还是要面临一个存在的问题。如果宇宙是天生存在的话，那么这种"存在"怎么会存在呢？"天生"是一个饱含不确定性的词，因为我们无法认识"存在"之因，所以我们以"天生"一词来解释，其实这只不过是对"存在"之始的不确定的含糊的掩饰。

---

① 波具有某种简单性质，即如果波源离开接收者远去，那么被接收到的波的频率会降低。光也是一种波，当光源离观测者远去，光波频率会降低。这意味着观测到的可见光颜色稍稍变红。这一效应被称为"红移"。哈勃发现，来自星系的光呈某种系统性红移。这意味着，哈勃发现的乃是宇宙的膨胀。

如果宇宙是始自于大爆炸，并且是始自于一个趋向于"无"的点，那么趋向于"无"即是"有"，"有"即是存在，那么这一个"有"又存在于何处呢？现代宇宙学的推理和推测赋予这个"有"稍稍一点实在的轮廓。比如，以现代宇宙学的推算，当我们的宇宙年龄为 10^{-35} 秒时，它应是被压缩于一个半径约为 3 毫米的区域中。那么这一半径为 3 毫米的"有"置身于何处呢？它的置身之处不是"宇宙"，是"无"吗？或是人们常说的"虚空"呢？按此推论，宇宙的体积的扩大是对"无"或"虚空"的一种占有，"无"和"虚空"既然可以被占有，则应是有体积的，也即是说它们肯定存在。这就陷于近乎荒谬的境地，即"无"或"虚空"也是存在。那么，"无"或"虚空"又存在于何处呢？谁可以清楚地回答呢？

如果宇宙是始自于大爆炸，并且是始自于"无"（大爆炸理论的确是认为大爆炸之前时空、物质皆不存在），那么我们可以更直接地问，"无"在何时产生"有"呢？因为时间在大爆炸之前是没有的，所以这一问中的何时是不可确定的。我们的"时间"是无法说明"存在"的本身进程的"时间"。此外，"无"又怎能、又如何产生"有"呢？"有"是有物性的，然而在"有"和本质的"无"之间有一个无法填补的空缺，也可以说是无限趋向于"无"的"有"和"无"之间的空缺。美国的物理学家、宇宙学家史蒂文·温伯格（Steven Veinberg）提出的最初三分钟和斯蒂芬·霍金（Stephen Hawking）在《时间简史》（*A Brief History of Time*）中提出的大爆炸最初一万亿亿亿亿分之一秒的概念都是试图填补和说明上面所说的那块神秘的空缺。"有"何时和如何产生在人类面前的确是个难解之谜。如果以我们的逻辑推论，有物性的"有"应由有物性的"无"产生，"无"如有物性则必然是存在的。这同样也陷入了一个死圈，即"无"存在于何处又产生于何时？

现代宇宙学同样面临着解释宇宙始点的问题。现代宇宙学提出了母宇宙、子宇宙等概念以进行这方面问题的探索和研究。这些同样也逃脱不了上面所说的始点的不确定性的死循环。

我们还应该想到的是，宇宙的存在并不等于"存在"的存在。宇宙何时开始存在和如何开始存在尚且无法确定地解释，又如何去解释"存在"本身何时开始存在又如何开始存在呢？

现代宇宙学的"触手"远不能及人的"思"的域限，而人的"思"的翅膀又永远不可能使"思"真正飞达"存在"的始点。"思"无法冲出死循环的罗网。

现代宇宙学尚且不能帮助我们完全科学地、实证地、精确地找到"存在"的始点，那么，我们又怎能企图从现代或古代的哲学家那儿找到科学的、实证的、精确的答案呢？我们又怎能企望我们的祖先找到科学的、实证的、精确的答案呢？世界上的第一个人不可避免地要生活于"存在"始点缺失的先天的惶恐不安之中。也许，人类永远也无法真正消除这种先天的惶恐。

"我"始于何时何处

人不知"我"的存在始于何时听起来也显得荒谬离奇。的确，人类学家们到目前为止对于人类史前时代的总的轮廓已在很大程度上达成一致。现代考古人类学的研究基本上认为人类的史前时代大致存在着四个关键性的阶段：第一阶段是大约 700 万年以前，类似猿的动物转变为两足直立行走的物种，即所谓的人的系统本身的起源。第二阶段是 700 万年到 200 万年前之间。这是两足行走的物种的繁衍阶段，两足的猿经过生物学所谓的适应辐射过程演化成许多不同的物种。第三阶段是人属的出现，大约在 300 万到 200 万年前之间。这个阶段，众多繁衍的人的物种之中有一个物种脑子明显变大。这一支发展成后来的直立人和最终的智人。第四阶段是现代人的起源，即具有语言、意识的人的进化。我们可以看到，从最早的人的系统本身的起源，直到现代意义上的有思维的、具有语言能力的人的出现经过了多么漫长的时间。人似乎可以说"人"是从何时开始出现的了。然而，只要我们再仔细想一想，其中仍有我们永远无法解开的谜。首先，我们应该清楚的是"人"于什么时候出现是现代人类学去研究遥远的祖先的结果，什么时候出现什么性质的"人"是后来的旁观者对遥远的客体的界定。"人"这一个符号本身是后来者的一项伟大发明。第一个出现的人——让我们称他为"A"（我们先回避"人"这个概念）——应该有"A"的思维。有"A"的思维的 A 会清楚地意识到什么时候"我"开始存在了吗？意识到"我"的存在的始点永远是模糊的、不可确定的。退一步说，现代人的思维已足够发达，然而任何一个具有高级思维的现代人，他能否说出——精确地说出"我"的存在始于何时吗？他也许能说出他出生于某年某月某日，甚至能说出某时开始记事，但要他精确地说出他何时意识到"我"的存在的开始却似乎永远不可能。你能吗？现代人尚且不能，第一个出现的"A"难道能吗？而"A"之后的"B"、"C"、"D"……又怎能作为后来人和旁观者说清"A"什么时候意识到他的存在的开始呢？"B"、"C"、"D"……又能否说清他们自己什么时候开始存在了呢？"我思故我在"的命题的确有点道理，然而，"思"的始点是一个模糊的不确定的点，而"存在"是存在本身。我们对于任何一点只能无限接近，却似乎永无能力到达——真正完全的到达。"思"的始点的不确定性即是"我"的存在的始点的缺失。

不确性与创造的动因

以上两个最主要的始点的缺失所导致的不确定性引起了人类的"惶恐不安"——隐秘潜在的惶恐不安。整个人类生活在惶恐不安中。这种惶恐不安不是显而易见地表现出来的，它深埋于人的心灵深处。

人类——能思考的人类也不清楚自己为何而存在。可解释的存在的意义永远是以"有限"为基础的，尽管人们总是谈论"无限"和"永恒"。在有限的一生内，有人为荣誉、理想而生，有人为金钱、地位而活，而整个人类，从摆脱了动物的那一刻起，辛辛苦苦地行至今日，日后又将走向何方呢？人类，就像一个无比巨大的人，为其食物、安全、荣誉、理想而生，为存在而存在。如果人类用人类的存在来比照无限，人类存在的意义又何在呢？人类会永生吗？人类如果像一个人一样会死亡（的确是这样的），那么，人类怎样存在才有意义呢？人类永远不可能以有限的"知"和"思"去解释存在以及无限本身，人类只能以"有限"来认识存在的意义，人类对存在的意义和无限的不可解释也引起了人类内心隐秘的惶恐不安。扩展而言，万物皆不可确切解释其为何而存在（即使它们有解释能力并想去解释）。

由存在意义和无限的不可知所引起的同样是一种对不确定性的惶恐不安。

惶恐不安还由运动的永恒性、变化的绝对性而引起。人永远无法使自己的思维、意识和存在同步。当你看到他人生时他已经生了，当你看到他人死时他已经死了。当我们的眼睛睁开的时候，进入我们眼中的光永远是把事物过去的影像呈献给我们。这无比迅速的光啊！它也需要踏过时间的行程奔往它的目的地。让我们把地球看成是一只蓝色的巨眼吧，它看到那灿烂的太阳也是需要八分多钟的。它看到的太阳早已是过去的太阳了。光的每秒 30 万公里的速度却往往欺骗了我们的眼睛，想让我们把所看到的事物看作当时的、真实的事物，而其实我们所看到的只是过去的真实，只是过去的真正的事物的滞后影像。这一影像的主人已经在如此之短的、几乎不易察觉的时间内变更了它的面貌，即使是异常微小的变化，然而它毕竟是变了。诡辩者在此刻往往得出一个结论，即事物是不可知的。在此，让我们跳过关于不可知和可知的纠缠，让我们直奔我们在此要说明的问题吧。我们要说明的是不可否认的运动的绝对性和变化的绝对性所引起的惶恐不安是无声无息地深植于人类的内心深处的。这种惶恐不安像一条潜流缓缓地流淌。事物的渐变像光一样欺骗人的感觉，灿烂的阳光绵绵不断地射来迷惑了人的眼；人类为名、为利、为荣誉、为理想、为种种卑鄙或高尚的目的，成为潜在的惶恐不安的很好的借口，迷惑着聪明伟大的人类。运动和"变"同样是不确定性的具体表现。因此，对运动和"变"感到的惶恐不安也同样可以归结为对不确定性的惶恐不安。

对不确定性的惶恐不安最终导致的是对不确定性的否定，即减少不确定性、增加确定性。证明确定性的最好途径莫过于证明存在性，增加新的确定性则无疑需证明新的存在。然而，新的存在不能凭空而生，为了增加确定性，必须通过制造新的存在。制造新的存在，用我们常用的词来说就是"创造"；制造新的存在的过程、制造新的确定性的过程就是创造的过程。

为减少不确定性的努力，对增加确定性的追求就是创造的动因

两个最主要的始点的缺失、存在意义和无限的不可知以及运动和"变"的绝对性都包含着永恒的不确定性。不确定性把它的神秘的影子投射在人类内心的深处，从而形成了人类的惶恐不安之源。对不确定性的惶恐不安导致了人类对不确定性的探求并试图通过创造来否定、减少不确定性。前面所涉及的现代宇宙学对宇宙起源的探索和历史上人类之哲人对世界起源的思考正是被不确定性所驱使。我们已多次强调不确定性引起的惶恐不安的潜在性和隐秘性。人类的"思"的发展，使善思者更清晰地感到不确定性的存在和惶

恐不安的影子的轮廓。"思"的越多，对不确定性的否定越多，创造也越多。不思者和少思者没有能力也没有机会看到不确定性的更为清晰的影子，他们将懵懂地受驱于不确定性所引起的潜在隐秘的惶恐不安。对不确定性的探索和否定的方式和程度必然造成创造方式和程度的不同，或者说是创造方式和创造层次的不同。

第三章　泛创造

不确定性的绝对性

在进入对创造的方式和层次的思考之前，大家可以回顾一下这句话：为减少不确定性的努力，对增加确定性的追求就是创造的动因。大家应注意到我们在这句话中用了"努力"和"追求"两个词，而我们关于创造的思考也是从人类开始的，并且更直接地开始于带点生动色彩的"惶恐不安"一词，所以，到此为止，这句话是针对人类而言的。然而，现在我们有必要来对这一结论作进一步的说明。

不确定性是绝对的，它把它的影子投射入万物之中。无生命物质不可能有对不确定性的"惶恐不安"的心理——它们没有人类特有的心理。低等生物（相对于人类而言，并且是基于一般进化论的认识而言）也是不具有和人一样的心理的特征的。然而，无生命物质同样具有"惶恐不安"的状态，回避这似乎是在拟人的说法，用更客观的词句来表述是：它们处于一种由不确定性引起的绝对不稳定态。不稳定态才能产生新的存在，新的存在是对原来的存在的否定，是对新的存在的不确定性的否定，是对新的存在的确定性的肯定。由于绝对存在的不稳定态，一种新的存在产生的同时，就会有更新的不确定性的出现，而"存在"在对不断出现的新的存在的不确定性进行否定的过程中得以存在。因此，从本质上说，一种"存在"的不存在是另一种新的"存在"的产生；另一种"存在"的出现更显然是新的"存在"的产生。这就是说，一切相对原有"存在"的增、减、不变皆产生新的"存在"。那么我们可以说，一切皆是创造，而不确定性本身就是创造的动因。

我们的"思"的步伐似乎已经迈到悬崖边，前面是一片混沌的海。但是，我们的"思"有一种永不言败的品质，让我们发扬这种好品质，鼓起我们的"思"的勇气继续前进吧！也许我们会有新的发现。

　　一切皆是创造，这是我们的"思"所得到的一根"草"。这是一根"稻草"，还是一根"金草"，完全依赖于我们用什么样的眼睛去看它和如何去用它。滥用这根"草"，它就变成了"稻草"，我们无疑会陷入不可知论、诡辩论和消极无为的泥潭。当然，你和我都不想得到那种结果。至于现在，让我们先不去想它是一根"稻草"还是一根"金草"，但请让我们把它先收藏在我们的"思"的宝库中。此后，我们会看到它的光华是多么的烁眼迷人。

泛创造

　　你和我都不难看到："一切皆是创造"中的创造的动因是无意识性的不确定性。而在此前，我们针对人类所说的"为减少不确定性的努力，对增加确定性的追求就是创造的动因"——此中的动因是有意识性的，"努力"、"追求"这两个词正是为了强调这种意识性。此外，你也一定注意到了我们在此似乎累赘地用了两个意义相同的分句来说明创造的动因。在此，这两个分句的同时存在是必要的，因为它们是为了传达这一重要涵义，即：人类对不确定性在认识上是相对的，是有限定的。否则，不确定性的绝对性极易导致人类创造的死灭——不承认对不确定性在认识上的相对性，人类怎么能否定不确定性呢？这样，我们说，人类的"创造"是不同于"一切皆是创造"中的"创造"的。为了使我们思考的翅膀更好地扇动，同时也为了不否定"一切皆是创造"中所指的"创造"的意义，我们把"一切皆是创造"所指的"创造"称为"泛创造"——我想你应该可以同意我们在此这样称呼它——这就是我们要说的创造的最基本的方式或者说最基本的形式。

　　"泛创造"的意义无疑是巨大的，可以说它使一切事物发生、存在、发展和消亡，它使存在本身生生不息、永恒存在。人类的存在就是"泛创造"的结果。宇宙的形成、恒星的诞生和灭亡、地球的出现、大海的波涛的翻腾、山脉的生成、江河的奔流、花朵的开放等等，一切都是"泛创造"结果，一切都基于"泛创造"。

创意思维：关于创造的思考

正如你可以认识到的一样，既然一切皆是创造，那么对绝对的存在的不确定性的否定就是"泛创造"本身。这样看来，"泛创造"既是意义巨大的，又是毫无意义的，因为它没有任何当前目标和终极目标，它只不过是绝对存在的不确定性的表现。我们说"泛创造"是创造的最基本的方式，更为准确的说法应该是任何方式（形式）的创造首先是"泛创造"，即具有"泛创造"的特性。因为任何事物的发展都不可避免地带上"泛创造"无终极目标的阴影，人也难逃此"网"。然而，有意思的是由于"泛创造"创造了不同的存在形式，并且又创造了"人"这一存在形式；虽然人本身是"泛创造"的一个阶段的表现，但是这一阶段的"泛创造"的存在形式——"人"都能清晰地意识到自己。（如果万物有灵的话，那么万物也许都能"清晰"地意识到它们自身，只不过"人"这一存在形式无法以自己作为"人"的"意识"意识到万物的"意识"罢了。）人因为清楚地意识到自己的存在，同时又不可避免地被笼罩在"泛创造"的阴影之下，所以总是企图摆脱这一阴影之网，企图消除控制着自身的不确定性这一无常动因。这样，就形成了"人的创造"。人类创造虽然具有终极的无意义性，然而却把万物笼罩在人制造的"色彩"之内，置于人的创造活动的"御苑"之内。这样，人方可以来认识万物，包括认识创造本身。我们现在的思考也正基于这一点，但同时也想突破这一点的束缚。

有一只神奇的大鸟永远盘旋在我们的头顶。这只大鸟的名字就叫"泛创造"。我们应该时刻意识到它的存在，请记住这一点。任何一个人都应该清楚地意识到，人，只不过是存在的一种形式。在"泛创造"的面前，他在终极本质上和动物、植物、无机物质以及一切的存在都是平等的。人类不是自然界中最重要、最高贵的生物，人的"重要"、"高贵"是人为自己而创造的。人只不过是"人"，他没有权利去藐视一只猫、一只鸟、一朵花的存在，他应该明智地认识到它们和他一样在"泛创造"的世界中存在着。也许只有这样，"重要"、"高贵"之类的词语才有其真正的意义。在以后的思考中，你会看到是否清楚这一点对于"人"是多么的至关重要，这几乎，不，应该是肯定关乎人的存在的问题。

"泛创造"的基本特征之一是功能性创造主体（我们在这里用"功能性"一词来修饰创造主体是为了揭示这种创造主体的无意识性、非能动性）自身实体存在的形式的变化。"泛创造"至少以功能性创造主体自身存在的物质（实体和场）作为一部分创造材料。一个原子裂变为两个原子，是一个原子以其自身的物质作为创造材料。创造的产物是两个原子的存在形式代替了一个原子的存在形式，而其中产生的能量是另一种存在形式。这些新的存在形式的确定是以牺牲功能性创造主体的存在形式为代价的。同样，两个原子聚变成一个原子，两个原子作为创造主体所具有的物质材料变成了一个原子的物质材料以及由于质量损耗而转变为能量的那部分物质材料，在这裂变或聚变过程中，"泛创造"改变的是物质的存在形式。恒星内部的原子的熔聚是两个原子聚变形式的重复与放大。恒星变成红巨星、白矮星、黑洞也都是"泛创造"的具体表现，它们之间的变化都是功能性创造主体以其存在的自身物质作为创造材料的。

我们再来分析一朵花的开放。一朵花的开放，的确是一个简单的自然现象，然而这一简单的自然现象却可以全面说明"泛创造"的特性。一朵花的开放是许多因素共同作用的结果。如果我们把"花"视为创造主体，那么"花"在 A 状态的物质是功能性创造主体自身存在的物质实体，它是，也必然是"泛创造"的材料。然而，单是这一材料是不足以形成"泛创造"的，"花"这一功能性创造主体在 A 状态下吸收了水分、养料等作为"泛创造"所需的另一部分材料。有了这些物质材料和"花"在 A 状态时的物质材料，由"泛创造"的作用来最终形成"花"的开放。"花"在 A 状态下的物质是改变了存在形式成为另一种存在状态。虽然在我们看来，它还是"花"，然而它已不是 A 状态的"花"，而成为 B 状态的"花"了。A 状态的物质已作为材料变为 B 状态的物质。从另一方面看，如果我们把水分、养料视为创造主体，那么它们也以自身存在的物质实体作为创造材料，而利用"花"的 A 状态下的物质材料作为"泛创造"所需的材料，它们也同样改变了原有的物质存在形式。因此，我们也可以说"泛创造"是一个或多个创造主体以自身存在的物质实体作为创造材料形成新的物质存在形式。

我们再来看一个极端的例子。真空中的 A 状态的粒子假如没有任何外力或内力作用，它显然可以处于相对静止的状态。如果它处于相对于时间的静止状态，我们可以说它没有受"泛创造"的支配吗？它既没有变大，也没有变小，也没有动，看样子似乎可以说它是摆脱了"泛创造"的控制，然而，如果我们想到流动的时间的话，我们就不会轻易下这样的结论了。该粒子从A时刻的存在至B时刻，我们显然可以说该粒子A时刻的存在物质变为B时刻的存在物质，该粒子是以其全部的实体存在物质作为创造材料实现"泛创造"的。正如我们前面所说的———一切皆是创造。因为时间、空间、物质是同时产生的，我们有理由把它们看成是"存在"的必不可少的构成体。这样，任何一部分构成体的改变都可以认为是存在本身的改变。没有绝对不变的存在。

意义重大的"关节点"

我们还可以看到，"泛创造"引起的物质存在形式的改变是不同程度、不同形式的改变。这样，其实就使"泛创造"中出现量变到质变的许多"关节点"。原子核的形成、恒星的诞生、有机物的出现、生命物质的出现等等都是"泛创造"的"关节点"。从宇宙诞生、恒星形成、地球生成、到地球上有机物的出现，生命分子蛋白质的出现，直到生命分子复杂到一个奇妙的"点"足以满足活细胞组织既有变化又保持稳定性时，作为生命体——生物的存在形式便出现了。从单细胞生物直到人的出现是一个漫长的过程。在这一过程中，"泛创造"仍是起主导作用的创造形式。在"泛创造"之外，较高级的生物已显示出某种非"泛创造"的创造特性。当然，这些特性都是建立在"泛创造"特性的基础之上的。鸟筑巢、蜂作窝，直至黑猩猩会使用简单的自然物，这些生物的活动都包含有源于本能的创造。这些创造活动有别于"泛创造"的特征是能动性开始显示出来，这种能动性显然还不是真正意义上的能动性，而只是本能的动力。我们前面已经说过任何存在的物质都具有绝对的不确定性，这种绝对的不确定性也同样蕴含于任何生物的体内。"泛创造"的物质的改变形式如分离、聚合等也应在生物体的每一个细胞内留下痕迹。我们可以理解，一个粒子的分离，意味着此粒子形的丧失。虽然此粒子的物质并不是消失了，而只是改变了存在形式，然而，此粒子是确实不存在了。如果把生物体看成一个大粒子，那么这一大粒子分离、解体时它的存在形式也同样改变了。这一"大粒子"——生物体的存在形式也就不存在了。用我们人类的语言来说，就是一个生物体的死亡。因为物质存在的绝对不确定性，所以任何粒子都有改变存在形式的趋向。从另一角度说也就是有肯定新的确定性的趋向，分离和聚合是两种基本形式。任何生物也无疑有这种存在上的绝对的不确定性。生物的活细胞与无机物的粒子有着必然的联系，无机物粒子的聚合、分离在生物的活细胞内留下的痕迹可以认为是生物本能的起源。生物有生的本能和死的本能正如粒子有聚合和分离的趋向。作用力和应力是成对出现的。

一种物质形式向另一种物质形式变化的过程的趋向其实包含着一种相反的趋向，即维持原有物质形式的趋向。这种趋向使物质的形式有相反的维持稳定的特性，从而使物质的形式的变化呈一个渐变的过程。从无机物、低级生物，到较高级生物直到人，维持原来物质存在形式的趋向也都是为了否定某种不确定性以使存在得以继续，而对这种不确定性的否定其实是在改变着原来的物质存在形式，形成新的确定性；然而，由于这种对不确定性的否定包含着维持原有存在形式的趋向，所以物质形式可以有相对的稳定性。

从无机物直到人出现的过程中，伟大的创造的"关节点"的出现是真正的完全意义上的人的意识的出现。有意识的人使自己的创造有别于"泛创造"。人类创造的最基本的特征是具有较明显的意识性、能动性。人类是真正的完全意义上的创造主体，人类可以把自身存在的物质实体较大程度地相对独立出来而以其他的物质作为创造材料进行更高层次上的创造。人类的创造产品很大程度上是以外物的物质为创造材料形成的，当然，人类的创造产品凝结了人类的劳动，但人在创造中的独立性的确是空前提高了。虽然，人类的自身存在是一个"泛创造"的过程，然而人类的存在已与他所创造的产品实现了较为明显的分离，人类自身的物质实体已相对于他的创造产品有明显的相对独立性。这一明显的相对独立性是因为有了意识、思维作为伟大的前所未有的创造工具。我们可以看到，相对于人而言，较低级的生物（从"泛创造"意义层次而言，这种高低分类是无意义的）还不可能使它们自身的物质实体和外界的物质较大程度地相对独立开来，因此，它们源于本能的创造只能是有限地利用外界的物质材料。它们的创造是从"泛创造"到人类创造的过渡形式。

第四章　人类创造

人类的超越

　　人类创造注定是不断制造不均衡、不和谐，而又不断追求均衡与和谐的活动。"泛创造"有固有的均衡性与和谐性。绝对的不确定性是普遍存在的。因为其绝对性和普遍性，它与存在的空间、时间和物质是共生的。宇宙万物皆包含有不确定性。当然，我们不能把不确定性理解为与物质的质量或体积成某种比例关系。虽然物质存在形式上有着不同之处，但其包含的固有的绝对不确定性是有共性的。这样，在自然界内，由于不确定性的普遍分布，自然界就有着一种固有的均衡与和谐。这种均衡与和谐就是人们所说的"自然规律"所包含的固有的均衡与和谐。"人"的出现本身就是自然规律的结果，是自然界均衡与和谐的体现之一。然而，人的意识的出现使人有了超越"泛创造"的可能性，而这种可能性随着完全意义上的"人"的形成成为必然性。

　　人类创造必然打破"泛创造"所包含的自然界的固有的均衡与和谐。人类对自然界固有的均衡与和谐的破坏是通过创造产品来实现的。创造产品中的物质产品在物质的存在形式上改变了"泛创造"的物质存在形式的自然进程。这包括对人类自身物质存在进程的改变和对外物的物质存在形式进程的改变。然而，很显然任何人类的物质创造产品都是人的精神创造产品的物质实现，这就是说，只要有意识的人存在，就必然对自然的均衡与和谐产生破坏。然而，人类毕竟是自然界的产物，是"泛创造"的杰作，因此人类有内在的向自然的固有的均衡与和谐靠近的趋向。这种趋向表现在人的精神有追求均衡与和谐的力量。这种力量促使人类对自己的创造——物质创造和精神创造进行思考。精神产品是人类追求自然界固有的均衡与和谐的产物。人类要想获得真正的均衡与和谐唯一的途径就是从自然界中寻找。人类越接近自然界就越可能获得均衡与和谐。显然，通过精神与自然靠近、理解自然才能在根本上靠近均衡与和谐。因为，任何人类的物质产品的创造都是对"泛创造"和自然界固有的均衡与和谐的破坏，虽然这种破坏在某些时候有利于人类这一独特的物质存在形式的存在。

第二泛创造世界

人类创造的物质产品（在某种程度上，我们可以把其中最主要的部分理解为维持人类生存的产品）在人类社会中构成一个相对独立的"世界"，这是另一个层次上的"泛创造"的世界。人类创造的物质产品构成了"第二泛创造世界"。"第二泛创造世界"在受"泛创造"规律支配的同时，更多地受到人类的支配。"第二泛创造世界"在原始生产资料之外。原始生产资料显然是"泛创造世界"的一部分。人类脱离"泛创造"的程度决定着原始生产资料的质与量的域限，进而也决定了"第二泛创造世界"的域限。人类脱离"泛创造"的程度有一个发展变化的过程。因而原始生产资料的质与量的域限也有一个发展变化的过程，"第二泛创造世界"也有一个发展变化的过程。

"第二泛创造世界"直接影响人类的精神，要人类精神创造出某些东西来实现其发展变化过程中内部的均衡与和谐。我们可以用社会制度的产生来说明这个问题。所谓的社会制度正是这种需要的产物。以使"第二泛创造世界"处于均衡与和谐状态为目的的社会制度必然也是一个发展变化的过程。社会制度在产生之初更确切的名称也许该是：不同个体（创造主体）间为更好地生存而自觉形成的规则。这当然首先要在精神世界中创造出来。

然而由于"第二泛创造世界"无论如何都会对"泛创造世界"产生破坏，而社会制度又是以实现"第二泛创造世界"的均衡与和谐为目的而不是以维持"泛创造世界"的均衡与和谐为目的，所以从创造的角度而言，任何社会制度作为一种调节控制系统都是对自然固有的均衡与和谐的蹩脚的模仿，它们永远无法实现自然的均衡与和谐。

我们现在以创造的观点来分析一下社会制度（最初可称之为规则）的形

成与发展。

我们知道，就人类认识而言，"泛创造世界"是无限的，而"第二泛创造世界"是有限的。人类的认识是有限的，而人类的精神与思维世界却有与自然、与"泛创造世界"相似的神秘性和无限性。作为人类的精神世界的先锋，人类的认识有追求无限的倾向，因而，人的认识产生的需求也有追求无限的倾向。然而，有限的"第二泛创造世界"怎么能满足具有追求无限的倾向的人类需求呢？显然，人类会在有限的范围内追求需求的最大满足。有限和无限必然形成冲突。

人类是"泛创造"的产物，因此人类也具有"泛创造"产物的特性，即多样性、复杂性。无可否认的事实是，人虽然在"泛创造"意义上是平等的，然而作为不同个体的人在体力和智力上必然是有差别的。人的体力和智力由"泛创造"产生并受其影响。"泛创造"对人的体力和智力的影响包括先天的影响和后天的影响，先天的影响是指"泛创造"通过遗传对人产生的影响，后天的影响即自然环境、生存状态对人的影响。人的体力和智力受"泛创造"的后天影响会发生变化，既可能提高，也可能降低。人的体力和智力的差别造成不同个体的创造能力的差别。强者和智者可能创造出更多的创造产品，也自然可能创造出更多的物质创造产品，并主宰更大部分的"第二泛创造世界"。

在人类的童年时代，有人可能一天捕获一只野鹿，有人可能十天才能捕获一只野鹿，前者物质创造能力（通过体力或智力实现）显然高于后者，其生存机会显然也大于后者。他们最初处于一种各据所获的自然选择状态。此后，可能出现两种主要情况——这完全是由于人的精神世界中有追求无限倾向的需求。第一种情况是：当人发现如果十个人一起进行狩猎他们可能一天捕获二十只鹿，也就是说等于他们每人每天捕获了两只鹿，那么他们就很可能长久集合起来形成一个较稳定的群来进行物质创造活动。这样，我们可以发现随着"群"的形成极易出现原始的绝对平均分配或（和）朴素的合理分配（如"群"给出力较多的高大粗壮的成员——物质创造者以更多的食物），这样是为了整个"群"的成员实现更好的生存。由于共同的物质创造活动中每个成员的贡献不可能绝对相同，因此不论绝对平均分配还是朴素的合理分配，不同的创造主体和各自的"第二泛创造世界"出现了不同程度的分离和错位。第二种情况可能最初产生于两个不同个体之间，个体之一可能在一天内捕获一只野鹿，另一个体可能在一天内捕获一只野猪（由于作为创造主体的不同的人之间必然存在着差异性，因此这种情况是可能出现的）。前者和后者获得了不同的物质产品。这些物质产品也是物质创造产品。因为不论是所捕获的野鹿还是野猪，它们都不再是自然中自由的存在，而是已被人的劳动这一创造活动所改造，成为创造主体的创造物。前者和后者用来捕获猎物的劳动工具也可能存在着差异，如前者可能用磨光的石块、树枝，后者可能用打结的树藤，这些工具本身就是创造主体创造的物质产品。这样，由于所获得的物质产品不同——物质产品属于"第二泛创造世界"，创造主体和"第二泛创造世界"中的创造产品就具备了相分离的可能性。前者和后者可能通过交换来满足各自有追求无限的倾向的需求。这一过程——交换过程——实现了创造主体和"第二泛创造世界"的分离和错位。作为创造主体的前者和后者经过交换后各自获得了对方的"第二泛创造世界"。分配的过程、交换的过程就是"第二泛创造世界"作用于人的精神，而人的精神又反过来对"第二泛创造世界"实行调节以求均衡与和谐的过程。这其中产生了最初的规则。

我们可以看到，创造主体和他的"第二泛创造世界"同一的时候，从创造角度而言，实际上是合理的。因此，"第二泛创造世界"在未与其创造主体分离错位之前，不同个体的"第二泛创造世界"组成的整体"第二泛创造世界"应该说具有其自身的均衡与和谐（但并不具有"泛创造"的均衡与和谐），真正的不均衡与不和谐产生于人的精神。因此，人的精神对"第二泛创造世界"的调节作用实际上是造成"第二泛创造世界"的不平衡与不和谐来换取人的精神的均衡与和谐，或者在某种程度上说是为了满足精神的无限的需求。

上面论及的第一种情况和第二种情况有可能是同时出现的。第二种情况最初可能是分散的、简单地存在的。当第二种情况大规模出现时，最初发生在两个创造主体间的"第二泛创造世界"与各自创造主体间的简单的分离和错位可能发展为"群"之间的创造主体和"第二泛创造世界"的大规模的分离和错位。这样，更复杂的规则可能形成（直至"群"复杂到可以称为"社会"时，相应的规则可以称为"社会制度"）。随着"群"的扩大、组合、分裂、再组合等复杂的过程，规则也处于不断变化之中。"第二泛创造世界"因此也处于自身的均衡与和谐不断地被破坏又不断在某一阶级、某一范围内被调节以至于趋向相对平衡状态的过程中。"第二泛创造世界"相对均衡与和谐的破坏、实现（近似实现）和再被破坏的循环过程是否定之否定的过程。

原始状态的"第二泛创造世界"的自身的均衡与和谐（它一开始就是对"泛创造"均衡与和谐的破坏，它的均衡与和谐的极致是在自然的、"泛创造"的不均衡与不和谐的基础上形成的自身的均衡与和谐，因此它永远不可能达到真正的自然的、"泛创造"的均衡与和谐）对人类的生存和发展显然是一种限制，因此人类在精神上要求打破这种原始的均衡与和谐以期提高自己生存和发展的条件。这就是规则、制度的产生之源。社会制度要求实现"第二泛创造"在另一层次、另一高度的均衡与和谐。这就使"第二泛创造世界"和它的创造主体的分离和错位成为可能，从而又使"第二泛创造世界"在另一层次、另一高度形成相对均衡与和谐的同时又产生新的不均衡与不和谐。这其中主要就是创造主体与"第二泛创造世界"的分离和错位而形成的社会矛盾。社会制度从而又在解决社会矛盾中不断发展。于是，创造主体、"第二泛创造世界"、规则（制度）形成复杂多变的巨大系统。在这巨大的系统中，人在各阶段便进行着各种各样的创造活动。

前面我们提到人类的物质创造产品构成了相对于"泛创造世界"而言的"第二泛创造世界"，其中最主要的部分是为保证人的生存的产品。然而，由于创造主体（人）、"第二泛创造世界"（人创造的物质产品）处于一个不断运动变化的系统中，因此，"保证人的生存的产品"实际上是一个发展变化的概念。最基本的保证生存的创造产品是人类通过劳动获得的食物——我们应该承认，通过劳动获得食物是一种最简单最伟大的人类创造活动。因此，经过劳动获得的食物可以看成是一种伟大的创造产品。人类在解决基本的食物问题后，可能用树枝、树叶来搭盖简陋的小棚使自己睡觉时免受风吹雨淋，而简陋的小棚也渐渐被一部人视为保证生存的产品。终于有一天，钢筋水泥的摩天大楼、金碧辉煌的奢华寓所也被一部分人视为"保证人的生存的产品"。可见，"保证人的生存的产品"这个概念在人类现实社会里具有多么神奇的、可发展的、使人类自己也被迷惑的意义。难道是美丽的海妖在用她那诱人的歌声来诠释它的意义吗？如果我们不想就此陷于迷惑之中，我们有必要对"第二泛创造世界"有更深刻的分析和理解。

物质产品的创造

"第二泛创造世界"是人类创造的物质产品的世界，人类创造这些物质产品是有不同目的的。从人类创造的目的来分析这些物质产品也许是一个较为合理的途径。我们可以把物质产品按创造目的分成两大类：一是为满足人类自身存在的物质实体——肉体的需要而创造的物质产品；一是为满足人类的精神需要而创造的物质产品。

在一般情况下，特别是在人类的物质文明不发达的阶段，人类是能够比较清醒地认识到什么是为了满足肉体需要而创造的物质产品、什么又是为了精神需要而创造的物质产品的。人类狩猎以求获得野猪、野鹿，人类知道这是为了获得生存所需的肉食；人类种植庄稼，人类知道这是为了能收获填饱肚子的粮食；人类搭建小棚，人类知道这是为了让肉体免遭风吹雨淋；人类创造了骨笛，人类知道这是为了满足自己的欣赏音乐的精神需要；人类创造了原始壁画，人类知道这是为了满足自己的精神安宁或审美、或其他精神需求（到底满足何种精神需要，我们后文再作思考）。然而，随着人类物质文明的发展，人类被自己的创造渐渐地弄昏了头脑。近一两个世纪以来，人类的头脑尤其昏得厉害。为满足人类肉体需要而创造的物质产品和为了满足人类精神需要而创造的物质产品间的界限似乎渐渐地变得模糊了。这种日渐模糊的趋势对人类而言是危险的，其实质是妄图（也许是无意识地、不自觉地）用原本为满足肉体需要而创造的物质产品来取代为满足精神需要而创造的物质产品去满足精神需要。这其实导致了精神的萎缩症。美酒是用来满足肉体的需要的，因为肉体需要美酒的色、香、味，而一瓶价值千元万元的美酒除满足肉体需要外，很显然还满足某一种精神需要。当然，酒满足的精神需要不止一种，然而，价值千元万元的美酒满足的是一种怎样的精神需要呢？这种精神需要必然导致无限的物欲。这种精神是人类精神中的小儿麻痹症患者，是人类精神的乞丐。一个精神的乞丐，即使披上王子的华丽的盛装，也无法掩盖其鄙陋、萎缩的面容和身躯。

可怕的趋势如今正在部分人的美好赞词中加快发展。从对核武器的众多观点中可以看到可怕的趋势的蛛丝马迹。也许会有人说，制造原子弹、氢弹是为了维持和平，给生灵带来精神的安宁。的确，和平是能够带来精神的安宁的。可悲的是今日和未来的世界和平竟然发展到了需要用原子弹、氢弹来维持的地步；今日和未来精神安宁的希望竟然要寄托在具有恐怖的杀人潜力的高级武器之上。原子弹、氢弹等高级武器竟然能发展到用来满足人类的精神的需要！

然而，人类需要用原子弹、氢弹来满足的精神需要本质上是源于物质需要的。原子弹、氢弹为什么能维持和平，因为它们在国家和国家之间形成制衡。一个国家希图用原子弹、氢弹来实现制衡，是一个国家想要在国家群体中占据主动地位（至少是为了不受制于别的国家），而这正是为了本国能有效拥有自身的财富甚至获得更多的额外财富，即是为了使本国的物质需要得到满足，也是为了本国成员（至少是一部成员）的物质需要得到满足，并且这种物质需要很大程度上是肉体需要对物质产品产生的需求。所以，原子弹、氢弹不愧是人类为了满足自己的肉体需要而创造的高级物质产品，而有些人又把它们和为满足人类精神需要而创造的物质产品混同在一起。在此，我们不想也并不是要贬低、否定科学，而只是想要指出科学被人的肉体需要的无节制发展所利用、所控制的可悲的结果。

人类的肉体需要为什么会有无节制发展的可能呢？本书在开始的时候分析了人类创造的动因是为了减少不确定性，增加确定性。人类的肉体需要本质上是为了减少一种对人而言最基本的不确定性，即人自身存在的物质实体——肉体的不确定性。人类为满足肉体需要的那部分物质产品的创造正是受这一动因的支配。我们知道，"泛创造"也是为了减少不确定性，并且"泛创造"是无意识的、无终极目标的，或者说有一种自然规律统领下的无目的性。人类作为"泛创造"的产物，毫无疑问是继承了这种单为自身物质实体存在而进行创造的无目的性。这种无目的性对人而言也可说是盲目性。人类为满足肉体需要的那部分物质产品的创造具有"泛创造"的"遗传"特点。人自身存在的物质实体是一个新陈代谢的生命体。人体每时每刻都在消耗一部分物质，摄取一部分物质，不断地吐故纳新，人体的物质实体——肉体才得以存在。单单从生命体存在形式看，人为维持自身物质实体的存在而进行的创造（即维持生命现象）和"泛创造"在形式上有相似性，其具有盲目性也是必然的。人的创造有别于"泛创造"和"创造"的过渡形式——较高级生物的创造——是因为人有意识、并能在意识的支配下进行创造，当人的意识被盲目性所支配时，人的意识便成了盲目性的放大器，而人为满足肉体需要的创造便会呈无节制的发展状态。

人的肉体需要的基本满足其实是极易实现的。人的肉体作为活的生命体以物质形式存在着的存在本身即是肉体的基本需要，这种基本需要是不断肯定肉体的确定性，在实现肉体的基本确定性之后，人的意识会产生寻找新的确定性的冲动。这种冲动的一部分被上面提到的"泛创造"遗传的盲目性所支配（这也就是说人的意识的一部分被盲目性所支配）而不断寻找肉体基本确定性之外的肉体的新的确定性。

人的盲目性是"泛创造"无目的性的叛逆，因为"泛创造"的无目的性保持着"泛创造"固有的均衡与和谐，而人的盲目性则把人类为满足肉体需要的创造不断导向对"泛创造"固有的均衡与和谐的破坏。人的盲目性和"泛创造"的无目的性虽然像是一对孪生子（的确也有一定的"遗传"关系），然而前者本质上是对后者的否定。

人的意识产生寻找新的确定性的另一部分是不断寻找肉体基本确定性之外的非肉体的确定性。这种冲动源于人意识到两个主要始点的缺失，即一是不知"存在"何时开始存在，一是人不知"我"的存在开始于何时。人的意识寻找肉体基本确定性之外的非肉体的确定性的冲动是对两个主要始点缺失的有意识的抗衡，是不屈服于由于两个主要始点缺失所造成的不确定性的有意识的伟大斗争。

在此，我们还可以认为人的不断寻找肉体基本确定性之外的肉体的新的确定性的冲动在受从"泛创造"那儿"遗传"所得的盲目性的支配之外，还在无形中受到两个主要始点缺失所造成的不确定性的支配。这种冲动是既受着支配，又摆脱着支配（尽管不能从根本上摆脱）。人的不断寻找肉体基本确定性之外的肉体的新的确定性的冲动也来自于对两个主要始点的缺失的无意识的惶恐不安。这种惶恐不安处于无意识状态得不到意识的克服或控制，必然在人的一生中存在着。因此，为不断满足肉体需要的物质产品的创造必然会出现无节制发展的现象。

精神产品的创造

人的意识寻找肉体基本确定性之外的非肉体的确定性也就是人的精神需要。人的精神需要可以对肉体需要产生控制和调节作用，有可能使为满足肉体需要的物质产品的创造摆脱无节制的状态。人的精神需要并不总是直接对两个最主要始点的缺失进行有意识的抗衡。两个主要始点缺失引起的不确定性往往衍生为人类社会生活中许多具体的精神方面的不确定性，如：天为什么会刮风下雨？什么是善？什么是恶？什么是美？什么是丑？生的意义是什么？死意味着什么？这些不确定性高于肉体的不确定性，是肉体基本不确定性之上的精神的不确定性。对这些精神的不确定性的否定形成了人类的科学创造、艺术创造、哲学创造等多种多样的高级创造形式，它们是在为满足人类肉体基本需要而创造物质产品的创造活动基础之上，为满足人类精神需要的创造活动。这些创造活动创造的产品是精神产品。精神产品是无形的，其载体却是有形的物质产品——这部分物质产品因此可以被称为为满足精神需要而创造的物质产品。精神产品若非附着创造主体①而存在则必然依托为满足精神需要而创造的物质产品而存在。精神产品的载体属于"第二泛创造世界"，而精神产品本身却并不属于"第二泛创造世界"，它属于它独自拥有的创造世界——我们可以称之为"精神创造世界"②。

人类的创造系统

前文提到的创造主体、"第二泛创造世界"、规则（制度）形成的巨大系统至此就可明了了。其中的"规则（制度）"正是"精神创造世界"与"第二泛创造世界"联系最紧密的创造之一，它的职能是在满足精神需要的同时更现实地服务于由人的肉体需要而产生的"第二泛创造世界"。这样，你可以

---

① 准确地说是"实施创造活动的主体"，为行文简洁，简称为"创造主体"（下同）。
② 准确地说是"人类创造的精神产品的世界"，为行文简洁，简称为"精神创造世界"（下同）。"精神创造世界"在此处是三个名词构成的名词性结构。

看到，上述的巨大的创造系统实际上是由创造主体、"第二泛创造世界"和"精神创造世界"构成的大系统。"第二泛创造世界"包括为满足人类肉体需要而创造的物质产品和为满足人类精神需要而创造的物质产品。"精神创造世界"则包括为满足人类精神需要而创造的精神创造产品本身。"精神创造世界"对"第二泛创造世界"进行调节、控制。"第二泛创造世界"则对"精神创造世界"产生反作用。不确定性在创造系统中好比一个潜在的动力中心，为创造主体——人类提供创造的动因，而人类通过创造活动（精神创造和"第二泛创造"）来实现对不确定性的否定。不确定性是绝对的，所以当不确定性在被否定的同时，新的不确定性便产生了。这样，不确定性的绝对存在为人类创造系统提供了源源不断的动力，也从而使人类创造系统有不断循环发展的可能。人类的巨大创造系统我们可以用下图（见图4-1）来示意：

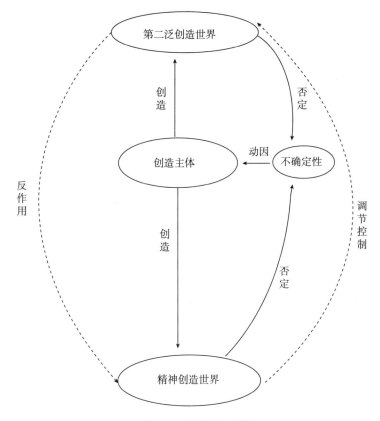

图4-1　人类创造系统

人类创造的不断发展，也就意味着人类社会、人类文化的不断发展。人类创造的产品之和便是人类社会、人类文化本身；人类创造的不同发展阶段也即是人类社会、人类文化的不同发展阶段。

由于不确性的绝对存在，所以随着人类创造领域的扩展，对人类而言的不确定性也在不断增加。人类创造的发展是在自然界中不断否定不确定性、制造属于人类的更多的确定性，但是那些属于人类的更多的确定性一经产生，它们同时也包含了更多的新的不确定性。这似乎有点费解，那么让我们用一个具体的更便于思考的比喻来说明吧。假设自然界本身绝对的不确定性在 1 立方米的空间中。这 1 立方米的绝对不确定性本身是处于不断更新变化中的，"泛创造"使这种更新变化具有内在的均衡与和谐。现在人类出现了，并且开始了人类自己的创造活动。如果人类的创造在这 1 立方米的空间中占了 1 立方毫米（这显然是不确切的，让我们权且这么比喻吧），那么这 1 立方毫米的人类创造是对 1 立方毫米的自然界的绝对不确定性的否定；但是与此同时，这 1 立方毫米的人类创造的确定性立刻又产生了 1 立方毫米的在人类创造基础上的新的不确定性，这是人类创造的不确定性。这样，人类对剩下的（1 立方米 – 1 立方毫米）的自然界绝对不确定性进行否定的同时，还要对自身创造的 1 立方毫米的新的不确定性进行否定。（1 立方米 – 1 立方毫米）空间中的自然界的绝对的不确定性也并不是不变的。这样，实际上不确定性在不同维度、不同层次是无限发展变化的，因而，为否定不确性的创造也必然是无限的。人类的创造是无限的。

我们可以认识到创造的无限性，自然也可以认识到人类的最伟大的创造在"无限"面前是多么的渺小，然而，人类的创造并不是无意义的。人类创造构成人类社会、人类文明，因而，我们考察分析人类创造必须与人类社会、人类文明的不同发展阶段紧密联系。不同阶段的人类创造活动本身就是时代的精神、时代的创造使命——这一使命就是减少不同时代的各个领域、各个层次、各种各样的自然的不确定性和人类自身创造所产生的不确定性。每一阶段的人类创造活动减少相应阶段的各种不确定性的同时制造新的不确定性为此后的人类创造活动提供动力。

和我一起进行思考的你可能要问，为什么要在人类创造系统中制造出"第二泛创造世界"这一概念呢？为什么不把它称之为"物质创造世界"呢？

正如你所知道的，在本书中所指的"第二泛创造世界"的确指的是由人类创造的物质产品构成的世界。本书中要用"第二泛创造世界"而不用别的，的确是有一定目的的。

第一个目的：

本书用"第二泛创造世界"这一概念是想强调人类创造世界和"泛创造世界"的联系。人类应该时时不忘自己是自然的一部分，是"泛创造"的产物。人类在摆脱"泛创造"领域的同时应该认识到自身的创造是对"泛创造"固有的均衡与和谐的破坏。人类在为了确定自身存在的物质实体——肉体的更好地存在和发展的同时应该注意到"泛创造"的存在并处理好与它的关系。无可否认的是，"泛创造"固有的保持均衡与和谐的运动有时的确会给人类生存造成威胁，如火山爆发、地震等（从整个自然界看，这是自然界维持固有均衡与和谐的"泛创造"的产物）。人类有权利为自身的基本的确定性即物质实体——肉体的存在与这类灾害性的"泛创造"进行斗争，这也可以说是"泛创造"所赋予人类的与其他"泛创造"产物一样的平等的权利，即为存在而存在的权利。然而，**人类为满足自身存在的物质实体——肉体的更好地存在和发展而进行的无节制的创造在对"泛创造"固有的均衡与和谐的破坏超过一定的界限时，必然人为地导致对"泛创造"赋予整个人类自身存在的物质实体——肉体存在的基本确定性的否定；换句话说，必然缩短整个人类作为"泛创造"产物的自然的存在时间，也即加快整个人类出现——发展——灭亡的进程。** 这一进程的加快是伴随着人类对"泛创造"固有均衡与和谐过分破坏的加快、加剧而发生的。人类加快地球上人可利用资源的出现——发展——灭亡的进程，实质上是对"泛创造"固有均衡与和谐进行破坏的具体表现，这实际上也是加快了人类自身走向灭亡的步伐。人类似乎是兴高采烈地加速奔向自己的灭亡。这似乎正好应了弗洛伊德等精神分析学家的人有死的本能的理论。

如何才能改变人类正在自己给自己造成的厄运，关键是如何把握上面所提到的人类对"泛创造"固有的均衡与和谐进行破坏的界限——如何把它控制在一定的界限之内，这是整个人类面临的最大的挑战，这也是人类的意识、人类的精神（或者在某种程度上可以说是人的意志）面临的最大的挑战。人类对"泛创造"固有的均衡与和谐的破坏如果能在人类的精神的控制下维持在一定的界限之内，人类不但可以确定最基本的自身存在的物质实体——肉体的存在，而且可以加强其在整个人类发展进程中的确定性，即可能延长整个人类的存在时间。如果人类始终处于原始状态，人类可能早已消亡了。当然，人类对自身存在的延长（不管是个体还是整体的）是通过对"泛创造"固有的均衡与和谐进行某种程度的破坏来实现的，也即是以牺牲人类之外的其他"泛创造"产物的自然进程为代价的。从这个意义上说，人类在本质上有自私的特性。当人类对"泛创造"固有的均衡与和谐的破坏超过了一定的界限，无限制地牺牲"泛创造"产物的自然进程，那么，人类就要不可避免地开始以缩减整个人类自身出现——发展——灭亡的时间为代价了。

整个人类面临的具有生死意义的界限是那么难以把握，它几乎不具有一点可以在人脑中形成明确的具体形象的特征，人无法如同想象高速公路上不同车道的分隔线那样想象到它。今活在这蓝色星球上的所有人的集合——人类，是否在总的态势上已跨越或正跨越了这条无形的生死之线来到了加速奔往灭亡的一面的确是一个值得深思的问题。人类发展的总的态势并不是一定由人类的大部分成员或所有成员造成的。人类的一部分成员在某种情况下是有能力带动人类的步伐，影响人类发展的总的态势的。如果人类这部分成员把人类发展的总的态势引向那无形界限可悲的一边，那么这部分人类成员是应该被整个人类诅咒的（他们头脑偶尔清醒时或等到头脑完全清醒时也会诅咒自己的）。令人可悲可愤的是人类的另一部分无辜的成员——现今人类的后代却也要跟随这总的态势去赴他们过早的"死亡之约"。然而，我们相信整个人类，包括人类之中那部分无辜的成员和那部分可诅咒的成员，是有改变或调节人类发展的总的态势的潜力的。这种潜力是整个人类最为宝贵的财富。

人类不断提高生产力——这应被视为人类创造能力最重要的表现——显然有助于不断满足人类肉体的需要，然而在现今和未来社会中如何合理发挥生产力的力量的确是一个严峻的问题。也许人类应该有一种认识，即具有某种生产力并不是一定要用这种生产力去迎合人类自身的需要——在某种意义上，所有人类自身需要的根源是人类肉体的需要（精神也是源自于、依附于肉体的）。人类有制造核武器的生产力，然而这种生产力的存在难道一定要使人类去制造并持有核武器才能证明这种生产力的存在吗（在"存在"问题上的争论似乎永远无法得出一个结论）？然而，人类源自于肉体的需要导致的高级物欲却使人类要把一切都物化，这也许是现代科学的"实验"特点被人类物欲所利用导致的必然后果。大约1600年前后，伟大的伽利略以其力学研究奠定了实验方法的基础，拉开了现代科学的恢弘大幕。正是现代科学的"实验"特点使人类生产力得到空前大发展，因为正是现代科学的"实验"特点使人类有可能广泛地把理论科学转变为技术科学。把理论科学转变为可物化的技术科学也许是人类要求克服不确定性而进行创造的天性的表现。理论科学一旦转变为技术科学，便立即具备了可被人类物欲所利用的条件。科学本身——理论科学是对自然界中不确定性的探索，是对自然规律的探求，它可以说是为了寻找"泛创造"固有的均衡与和谐而存在，然而技术科学却利用理论科学找到的确定性（或理论科学自认为找到的确定性）来改变自然界的物质，或者说物化某种确定性，以证明某种新的确定性、否定某种新的不确定性。这实际上就走上了对"泛创造"固有的均衡与和谐进行破坏的道路。科学的两个孪生子一个努力寻找"泛创造"固有的均衡与和谐，一个却在努力破坏"泛创造"固有的均衡与和谐——而通常只有这样它才被认为转化为生产力，正如人们所说的：生产力是人们改造和征服自然的能力，也许是因为这个原因，人类要制造并持有核武器才有信心认为自己具有了这种生产力。

怎样认识生产力的"存在"问题也许是人类行为的关键。"存在"问题自古以来是哲学上、也是科学上长期争论的问题（科学从来和哲学是紧密相连的，我们有理由认为科学是源自于哲学的）。让我们在此避免关于"存在"可能引起的争论吧！如果我们认为潜力也是一种能力的话，那么我们就可以承认生产力作为一种能力可以有一种潜力状态。能否这样认为呢？如果可以这样认为的话，那么我们就可能在生产力高度发展的过程中的必要的时候使某种生产力维持在生产力潜力阶段，或者甚至从根本上说到某一阶段应控制某种生产力的发展也许只有这样，生产力发展到一个高度发展的但有控制的阶段时，人类才可能真正实现马克思所说的超越物质创造产品而实现完全意义上的自由复归。否则，人类生产力为满足人类物欲的无节制的发展可能会使人类在麻木失控的状态中不去寻求超越物质创造产品的自由复归而过早地招致自身的灭亡，甚至导致人类所生存的蓝色星球过早地毁灭。

科学、生产力发展可能带来的不幸后果不是科学、生产力本身的罪过，该承担这罪过的是人类无节制的物欲。然而，科学、哲学沦为满足人类物欲的娼妓的确是可悲的。科学、哲学可能被人类无节制的物欲利用、操纵，而反过来被利用的、被操纵的科学、哲学却又可能刺激人类的物欲继续无节制的狂奔乱涌。19 世纪 70 年代在美国兴起的"最时髦的"（列宁语）哲学流派——实用主义哲学可以说是被人类物欲所支配、操纵的哲学之一，它在某种意义上的确对社会的发展有一定的促进作用，然而同时它也是为人类的无节制的物欲树起了一面冠冕堂皇的大旗。虽然，实用主义的某些倡导者的出发点可能并不是为了刺激人类的物欲，然而其所倡导的哲学却有意无意地那样做了，或者被利用、被操纵着那样做了。实用主义的源头可以追溯到 19 世纪 30 年代开始于法国、40 年代出现于英国、后盛行于整个欧罗巴的实证主义哲学。实证主义在意识形态上反映了资产阶级对发展物质创造、扩大财富的需求，而当时的科学也像实证主义一样为资产阶级这一需求服务，或者从根本上说实证主义和当时的科学都是为人类的物欲而服务。其实，此一阶段，实证主义哲学也影响了科学，科学在某种程度上也追求着实证主义。我们可以看到，从实证主义到实用主义的出现，人类的物欲上了怎样一个台阶，走上这个台阶的确是需要利用某些东西和需要某些东西自愿地推波助澜。我们也可以看到，在这个发展过程中，人类对"泛创造世界"固有的均衡与和谐的破坏达到了一个什么样的程度；同时，我们亦可看到人类的"第二泛创造世界"又扩展到了什么样的程度。

我们——人类的未来很大程度上取决于怎样协调人类的"第二泛创造"和"泛创造"的关系、怎样平衡"第二泛创造世界"和"泛创造世界"。我想，至此，和我一起思考的你也许明白了本书为什么要用"第二泛创造世界"这一概念的第一个目的了吧！

第二个目的：

本书用"第二泛创造世界"是想回避"物质创造世界"这一概念。"物质创造"显然很容易使人在未进行深入的思考之前就被偏见或者说被某种先入为主的观念所左右；很容易使人仅仅简单地把它和人的肉体需要相联系（当然，它们的确是紧密联系的。这一点，在上面对第一个目的的说明中已给予了特别的重视）。若是这样我们实际上就限制了我们关于人类创造活动的思考。"第二泛创造世界"在表述上首先建立了与"泛创造"的联系，尽可能地避免了可能会有的先入为主的想法或偏见，然而它实质上确实指的是人类的"物质创造世界"。但是，在我们下面的思考中，你会看到"第二泛创造世界"的表述是多么有利于我们对人类的"物质创造世界"产生更加丰富和深刻的理解。

前面我们说过，"第二泛创造世界"是人类创造的物质产品组成的世界，并且把这些物质产品按创造的目的分成两大类：（一）为满足人类自身存在的物质实体——肉体的需要而创造的物质产品；（二）为满足人类的精神需要而创造的物质产品。让我们不要到此就勒住我们思想的缰绳吧：如果我们的思考能够一往无前，我们就可能更好地认识我们自己，以使我们远离愚不可及的自我欺骗的泥潭。让我们顺着上面两个粗大的分枝继续思考下去吧！

人类：自身创造的物质产品

"第二泛创造世界"和"泛创造世界"有着不可分割的联系。这种不可分割性不仅表现在人类的"第二泛创造世界"在受人类支配的同时时时刻刻受着"泛创造"规律的支配，也不仅表现在人类的自身存在是一个"泛创造"的过程，还表现在人类自身就是人类创造的物质产品。这就是说，人类的出现是"泛创造"的结果；人类从第二代开始（然而什么才是完全意义上的"第二代"是很难弄清楚的，因为首先第一代人类出现的始点就是模糊的）就是人类自身创造的物质产品；而整个人类的存在过程又是"泛创造"的过程。人类自身的存在就像脐带一样联系着"泛创造世界"和人类的"第二泛创造世界"。这样，你实际上已看到我们按创造目的把物质产品进行分类的第一类物质产品——为满足人类存在的物质实体——肉体的需要而创造的物质产品中包含着人类自身。人类自身就是人类创造的物质产品（但是，人类对自身的创造也是为满足人类的精神需要，人类自身也是人类创造的精神产品的载体。在此插入这一点说明，是为了让我们在思考中避免留于片面而走向极端；至于关于这一点的具体分析和深入思考，让我们留到后面吧）。

是的，人类自身就是人类创造的物质产品；当然，人类对自身的创造也是为了满足人类自身存在的物质实体——肉体的需要而进行的创造。人类对自身的创造就是人类的繁殖，具体到个体而言就是对新生命的创造——这种创造最终通过生育得以实现。人类的生育从根本上说也是为了寻找人类自身存在的物质实体——肉体的基本确定性。每一个人都有寻求永久的自身肉体的确定性的倾向，但是，作为物质实体的人的肉体的基本确定性必然会随着人的死亡而消失。寻求长生不老的人也正是希望通过某种神奇的途径来延续自身肉体的基本确定性，或者说以求不断肯定自身肉体的基本确定性。然而，这显然是一种不明智的做法。人类的生育似乎在某种程度上满足了个体的人寻求自身肉体永久的基本确定性的需要。人类的生育使人可以把自身的一部分转化为新的物质实体——肉体的存在，从而在某种意义上实现了自身存在的物质实体——肉体存在的基本确定性的延续。新生命包含着其创造主体——父母的肉体存在的基本确定性，而这个新生命又通过生长来不断肯定这种基本确定性，他通过在生长过程中对不断出现的不确定性加以否定来实现和增加这种基本确定性。这样，人类就得以繁衍、生存。

人类怎样才能创造最大的繁衍生存的机会呢？人类要创造最大的繁衍生存的机会则必然在新生命的创造过程中寻找最大的确定性。这样，人类在创造新生命的过程中的确要像创造其他物质产品一样付出劳动，这就是说人类的生育一定是有目的的创造活动。一对男女的结合过程最基本的努力就是彼此寻求可能产生新的生命的确定性（当然，这种最基本的努力有时会处于潜抑状态或因意识作用而发生改变）。这是人本质上的肉体存在的需要，或者说是延续自身肉体存在的需要。人类生育是"泛创造"赋予人类的一种使命，也是人类自己给自己赋予的一项使命，而这一使命也是人本身的最基本的需要。如若我们用一种较极端的眼光来看的话，我们甚至可以说男性生殖器和女性生殖器的构造也都反映了追求基本确定性的需要。在男女性交过程中，两者的"形"是如此完美地互相切合，从而仅从形式上就形成某种完美的确定性；而正是在这种追求形式上的完美的确定性的过程中，新的生命的基本确定性才可能产生。因此，男女性结合在形式上和实质上都可以说是在寻求新的生命的物质实体——肉体的基本确定性。精子与卵子的结合过程也极好地证明了对新生命最大的基本确定性的追求。在所有精子中最富有生命力的精子显然使结合能创造出最大的新生命的基本确定性。新生命的最大确定性的实现是男女性结合实质上的完美的实现。当形式的完美和实质的完美都实现的时候，从为满足人类自身物质实体——肉体需要的出发点看，男女性的结合可以说是实现了基本的完美。

男女性结合的基本的完美是可能被破坏的（基本完美被破坏不一定意味着高级完美被破坏，什么是"高级完美"我们后面将会提到）。中外历史上都出现过把新生命的创造当作首要的一项使命、并且用有形或无形的压力和约束来保证这一使命得以实现的情况。压力相约束大都来自门第、家族、父母及一些道德伦理观。从某种意义上说，各种压力和约束在某种程度上保证了生育的实质性使命的完成，然而，却往往破坏了人类创造新生命的这一创造活动的基本的完美。因为受压力和约束的男女性双方在无法自由选择时往往创造不出新生命的最大的确定性。这不是指新生命的确定性不可能实现，而是指新生命在此后个体的生长过程中可能不能把基本确定性增加到最大的限度。这样，在社会的发展过程中，人类个体的肉体基本确定性会出现不均衡的发展，即在普通意义上人类个体会出现遗传特性上的优良差别，而实现不了整个人类的均衡发展。人生来是平等的，然而毕竟在个体存在中会有着差别。一个不可否认的事实是，长期门第相当的家族的联姻——如果门第差别和他们成员的体力智力差别的确存在的话——必然会形成相对稳定的具有遗传特性差异的不同群体。这正如不同地域的人会存在差异一样。差异可能是均衡与不均衡发展同时作用的结果。"泛创造"的固有的均衡与和谐也会产生差异，基本完美本身是包含差异的，人为地对基本完美的破坏也造成了某种差异，这些差异都互相交织在一起，难解难分。因此，任何差异都不足以用来作为否定人生来平等的证据。

克隆（Clone）技术无疑是人类伟大聪明才智的体现，然而克隆人若是出现，则必然是对男女性结合的基本完美的破坏，并且是彻底的破坏。我们所说的男女性结合的基本完美包括形式上的完美和实质上的完美。克隆技术虽然在实质上可以说实现了完美，即肯定了新生命的基本确定性，并且这种基本确定性在未来增加的可能性相当大；然而，克隆技术却彻底在形式上破坏了男女性结合的完美。克隆技术很可能带来男女性、也即整个人类的存在的确定性的减弱。人类在克隆技术面前将会感到一种失落和恐慌。这是人类对自身存在的物质实体——肉体存在的最大的确定性受到威胁而感到的恐惧。的确，克隆技术也同样实现了个体的人的物质实体——肉体的延续。但是，人在此种创造过程中作为创造主体的权利被一种外来力量所剥夺了。不管此一个体的人是男性还是女性，他（她）会感到新的生命的诞生不是他（她）自己的创造"果实"。他（她）没能够通过真正的具有形式上和实质上完美的创造来确定新的生命的基本确定性，他（她）的权利被剥夺了！因此，克隆人技术虽然可能实现新的生命的确定性，然而被"克隆"的人也许不会感到是他（她）创造了新的生命，不会感到他（她）的生命的基本确定性得到了延续，反之可能会感到他（她）的一部分生命被剥夺，他（她）的自身存在的物质实体——肉体的一部分基本确定性被否定了。他（她）会感到一种罪恶感和生命流失的恐慌。他（她）可能会感到再也没有权利去追求两性结合的形式上的完美和实质上的完美了。因为两性结合过程现在看起来似乎是多余的。男人和女人会感到失去了世界上创造主体的地位；会感到男人不再是男人，女人不再是女人。整个人类会像是飘浮在空空荡荡的空中。整个人类会感到自己似乎不再是伟大而光荣的人类了；整个人类会感到自己被剥夺了最基本的创造权利。人类有朝一日会自己剥夺"泛创造"和自己赋予自己的权利吗？

在试管婴儿出现时，人类感到过一种惶恐，这种惶恐远不及克隆人可能带来的恐慌。因为试管婴儿的创造过程只是在很有限的范围内破坏了男女性结合的基本完美。在试管婴儿这种新生命的创造过程中，男女性双方仍在不同的程度上参与了创造活动。这种创造活动过程男女双方的参与性要远远强于克隆人技术中男女双方的参与性。然而即使这样，试管婴儿仍是让人感到有某种珍贵的东西的缺失，这种残缺感是因为男女性在新生命的创造过程中创造活动的部分缺失。这一点将是无法弥补的。克隆人若是出现，他（她）给人类的感觉将永远是"完美的残缺儿"，人类会在内心深处对他（她）产生排斥感甚至是恐惧。然而"完美的残缺儿"将会如何想如何做呢？这将是一个令人惴惴不安的谜。

人类自身就是人类创造的物质产品，可能出现的克隆人也许是对此最极端的说明了。人类难道需要这种极端吗？这个蓝色星球上的人类会怎样想呢？和我一起进行思考的你又会怎样想呢？克隆人技术若是发展成为一种无节制的生产力，这种无节制的生产力若是被人的物欲所支配，被一部分人所利用，它将会给人类带来什么后果呢？

男女性结合可以实现基本的完美，男女性结合还可以实现高级的完美。

男女性结合的高级完美并不是一定要在基本完美实现的基础上才能实现的，因此，男女性结合基本完美的被破坏不一定使高级完美被破坏。但是，因为男女性结合的基本完美体现了人类最本质的需要，所以男女结合的基本完美被破坏有可能会给男女性结合的高级完美带来损害。男女性结合的高级完美如若被破坏也不一定使男女性结合的基本完美被破坏。然而，由于男女性结合的高级完美有利于男女性结合的基本完美的稳定，所以男女性结合如若无法实现高级完美，或者高级完美实现后被破坏也会损害男女性结合的基本完美，从而使男女性结合的基本完美处于不稳定态而有随时被彻底破坏的危险。当男女性结合使基本完美和高级完美得到共同实现时，男女性结合才实现了真正意义上的完全的完美。我们所说的男女性结合的高级完美是男女性通过精神创造来实现的，因为正如我们不久前提到的——人类自身是人类创造的物质产品，人类自身也是人类创造的精神产品的载体。在此，我们简单分析了男女性结合的基本完美和高级完美的关系，至于高级完美的具体分析，还是让我稍后再说吧。

为满足人类存在的物质实体——肉体的需要而创造的物质产品大量的是我们在日常生活中所熟知的事物，如大米、美酒、肉、蛋、奶以及必要的衣物、住房等等。对于这些，大家再也熟悉不过了，那么在此我们也无须再作深论了。

因精神需要而创造

我们现在再来仔细思考一下为满足人类的精神需要创造的物质产品。

人类为满足精神需要而创造的物质产品大致可分为两部分；第一部分是为创造精神产品的载体而创造的物质产品；第二部分是作为精神产品载体的物质产品。此处所说的第一部分的创造产品是为第二部分的创造产品服务的，而第二部分的作为精神产品载体的物质产品则可以说是为精神产品服务的。

任何精神产品从本质上说只能依附于思考着的主体而存在，只有思考着的人——具有"精神"的人才能创造精神产品。因此，从本质上说，思考着的人才是精神产品真正的载体。思考着的人是精神产品的创造者的同时又是其创造的精神产品的基本载体。然而，人与人需要沟通；需要从他人那儿得到精神产品或者需要给予他人自己创造的精神产品，于是人就需要有相对独立于自身的物质来作为自己头脑中的精神产品的载体，于是人创造了图画、人创造了文字、人创造了属于人类的能引起听觉的机械波——声波——并且是独特的声波。

图4－2　梵·高《向日葵》

　　梵·高（Van Gogh）的《向日葵》（见图 4 - 2）作为画本身只是颜料、画布等物质材料的组合，它本身并非精神产品，而是精神产品的物质载体，它负载着梵·高创造的伟大的精神产品。《向日葵》所负载的精神产品只有在欣赏者看到它并进行思考时才能存在，而作为欣赏者的主体在思考时产生的体验、感受、想法则是欣赏者本人经过自身的再次创造的成果，其所再次创造的可以说是新的精神产品，或者我们可以说新的精神产品产生前存在于欣赏者的思考中。作为欣赏者的主体通过欣赏所创造的新的精神产品和梵·高所创造的精神产品并不是同一的，它们可能有某种共性，然而却永远不能完全重合。我们之所以说《向日葵》这幅画是精神产品的载体，是因为伟大的梵·高创造了某些新的确定性，并把这些新的确定性通过形和色彩加以肯定使它们以稳定的状态存在。梵·高创造的新的确定性于《向日葵》中凝固、永驻，这就是《向日葵》所负载的精神产品。欣赏者因为可以看到相对稳定的形和色彩，所以体验到了梵·高所创造的新的确定性。欣赏者不可避免地要对梵·高创造的新的确定性进行思考，从而又创造出属于自己的新的确定性，这就是对精神产品的再创造。因此，较合理的说法是：梵·高创造的属于他自己的精神产品已随梵·高的逝去而消逝了，而梵·高创造的《向日葵》所负载的精神产品是形和色彩本身所肯定的确定性，它的欣赏者们所体验到的种种审美情感是他（她）们对《向日葵》所包含的确定性的再创造。《向日葵》作为精神产品的伟大载体的意义是它所负载的精神产品——某些确定性具有普遍性的意义，它以其普遍性建立了它自身和它的创造者以及它的欣赏者之间的纽带——虽然，它自身所负载的精神产品（某些确定性）和它的创造者创造的精神产品以及它的欣赏者所体验到的也即所创造的精神产品永远无法达到完全的同一。

　　莎士比亚的文字本身并非精神产品，它们只是墨水留在纸上的符号，符号只有在被主体——人看到并思考时才有意义。如果莎翁的文字永远对着一面白墙，白墙永远不会为罗密欧与朱丽叶而哭泣。然而，正如梵·高的《向日葵》一样，莎翁的文字的组合的确创造了某些新的确定性，这些新的确定性就是莎翁的文字所负载的精神产品本身。不同的主体对莎翁的文字所包含的具有普遍性的确定性进行思考时便进行着再创造，于是人们说："一千个人心中就有一千个哈姆莱特。"我们知道，由于文字符号相对图画来说较为稳定，所以它在指代创造主体所创造的精神产品的构成因子时有较大的精确性和稳定性。因此，文字自身所负载的精神产品（某种确定性）和它的创作者创造的精神产品以及它的读者所体验到也即所创造的精神产品之间相对于图画来说就有较稳定的、更大的同一性，但是，这三者之间也同样无法达到完全的同一。

人类创造的各种独特的声波本身也并非精神产品，它们只是一些能产生听觉的机械波，它们只是精神产品的物质载体。这些声波所肯定的确定性包含在它们特殊的运动中。我们也可以说人类所创造的独特的声波负载的确定性就是它们负载的精神产品。当声波在人的听觉上产生听觉印象、即形成声音时，声波所负载的确定性便转化为声音所负载的确定性。声音有其自身的神秘性，它永远是流动的、稍纵即逝的。这种听觉印象就像人的精神、人的意识一样神秘，在某种程度上它似乎就是人的精神产品本身，因为人几乎在听到声音的瞬间就开始了思考。也许，我们可以把声音看作是人创造的初级精神产品，以区别于对听到的声音产生的深刻的、长久的体验。由于声波比起图画更不稳定，它所负载的确定性永远是流动的、变幻的，因而声波所负载的精神产品（被动的确定性）和它的创造者创造的精神产品以及它的接受者所体验到也即所创造的精神产品之间就更缺乏同一性、更难实现同一。刘勰在《知音篇》中有这样的话："知音其难哉，音实难知，知实难逢，逢其知音，千载其一乎！"此处，"音实难知，知实难逢"说的恐怕就是这个道理吧。声波产生的流动的听觉印象在不同的听觉主体之间可能相似，然而，不同听觉主体对听觉印象的体验是永远不可能完全相同的，即使是千载一逢的知音，也不过是与另一听觉主体在听觉体验上达成较大的同一。

图画、文字、声波等都是人类创造的精神产品的载体，我们可以称它们为作为精神产品载体的物质产品，因为正如我们前面所说的，它们本身也都是物质的存在。然而，当我们发现图画、文字只不过是确定了的线条、形状、色彩，人类创造的声波只不过是确定了的机械波的独特运动时，我们再仔细观察一下我们生存其中的自然界，我们会发现自然界中到处都有线条、形状、色彩，它们依附各种物质而存在，或者说它们由各种物质存在所确定。那么，在某种意义上，我们可以认为整个自然界就是精神产品的载体，因为它负载着无穷的不确定性的同时也负载着无穷的确定性。

　　人类创造的伟大之处就是在创造精神产品的过程中创造了新的物质载体，也就是说在自然界中创造了某些新的确定性。同时，我们应该看到，人类创造的作为精神产品载体的物质产品取材于自然，所以说人类创造之源就是自然界，整个自然界就是人类创造之"泉"的源头。人类如若不能"饮水思源"则无异于毁坏自己的创造力。梵·高作为一个画家，在1873年6月给他弟弟提奥的信中写道："……尽可能出门散步，保持你对大自然的热爱，因为这才是学会越来越深刻地理解美术的真正途径。……"① 梵·高是一位"饮水思源"的伟大创造者，正因为能"饮水思源"，梵·高才会有伟大的创造。

　　和我一起进行思考的你可能会持这样一种意见，即认为图画、文字和人类创造的独特声波本身就是人类创造的精神产品。我是不能完全否认这种观点的，其实我有时亦是这样认为的。因为我们一旦看到图画、文字，一旦听到声音，我们即是在思考着它，我们在很短的时间内就实现了与它们的同在，它们也似乎成了精神产品本身。然而，我更倾向于把它们本身和它们所包含的确定性分开，即认为前者是物质产品（载体）而后者是精神产品（被载体）。如果一个人在地下挖到一块有划痕的石片（如果划痕的确是一种原始文字的话），那么他可能只是把石片上的划痕看作是划痕本身。这样，我们会看到载体和被载体实际出现了分离现象：对挖到石片的人而言，有划痕的石片只是物质产品而已，他并不认为石片上的划痕是一种精神产品；而我们知道，石片上的划痕的确包含着、负载着某些人创造的确定性——这种确定性就是划痕所负载的精神产品。此时，这种确定性——精神产品实际上是存在的，然而对挖到石片的人而言却是不存在的。有趣的分离！在平时，我们把一个"字"看作是精神产品，因为载体和被载体被我们的思考合一了。这样，我们将很容易理解人类自身也是自身精神产品的载体，人的物质实体——肉体和人的精神产品是两回事，"我"之实体和"我"之思是两回事，"我"之思依附于"我"之实体。

　　我们已经对作为精神产品载体的物质产品作了一些思考，现在，我们再来看看为创造精神产品载体而创造的物质产品。

---

　　① ［荷］欧文·斯通、吉恩·斯通编：《梵·高自传（梵·高书信选）》，潘泊等译，湖南文艺出版社1991年版，1994年印本，第3页。

创意思维：关于创造的思考

画家要画画，则必须有笔、有颜料；雕塑家要雕塑，则必须有锤子、凿子；诗人写诗也少不了笔墨。任何创造者如若想创造精神产品的载体，他必须有创造所需的工具。笔墨、颜料、锤子、凿子这些工具是为了创造精神产品的载体服务的，如果我们追本溯源的话，我们就可以说它们是为了精神的需要而被创造出来的。但是，我们会发现，"为创造精神产品的载体而创造的物质产品"这一概念的外延似乎很难确定。也许有人会说，大米、面包也可以说是属于这一类物质产品，因为人吃饱了肚子才能有体力、脑力进行劳动，才能去创造笔啊、颜料啊这类产品。的确，是这样的。在为满足人类存在的物质实体——肉体的需要而创造的物质产品和为满足人类精神需要而创造的物质产品之间的界限的确可能变得模糊。这两者之间界限的模糊正是由于"为创造精神产品载体而创造的物质产品"这一概念外延的模糊性而引起的。这种模糊性使人类可以把所有的为满足人类自身存在的物质实体——肉体的需要而创造的物质产品都冠冕堂皇地归之于"为创造精神产品的载体而创造的物质产品"，并且还可进而归之于"为满足人类精神需要而创造的物质产品"。的确，有时肉体的快乐能带来精神的愉悦。有人因此认为肉体的需要也正是为了精神的需要，因而为了能带来肉体快乐而创造的物质产品也自然可以看作是最终为了精神需要。这样，我们会发现肉体需要和精神需要被混为一谈了。很显然，这种看法可能出现两个极端的发展，一种发展是强调精神需要是至关重要的，而忽视必要的物质需要；另一种发展可以把任何肉体需要引起的对物质的需要看成是合理的，并摆在漂亮的展台上加以宣扬。这实质上是为无节制的物欲找到了一个漂亮的面具。

上述的模糊性的根源可能还是在于人类自身。我们说人类自身就是为了满足人类自身存在的物质实体——肉体的需要而创造的物质产品，人类对自身的创造也是为了满足人类自身的精神需要，同时人类又是自身精神产品的物质载体；那么，人类自身同时也就是为了创造精神产品载体而创造的物质产品。这就是说，人类自身既是为了满足自身肉体需要，又是为了满足自身精神需要的产物。

这种推理应该是合理的，按这种推理也同样可能理解为肉体需要和精神需要是统一的，是同样重要的。没有肉体的人是不存在的，没有精神的人也一定不是完全意义上的人。只要是完全意义上的人，他（她）的任何时刻的活动肯定都有精神的参与（不管以何种形式），那么从本质上说，人类创造的任何物质产品都是人类的某种精神产品的载体，都是为了负载某种特定的精神产品而创造的；那么，我们前面对"第二泛创造世界"中的物质产品的分类是错了吗？让我们再回顾一下我们前面的分类。"第二泛创造世界"按创造目的分为：（一）为满足人类自身存在的物质实体——肉体的需要而创造的物质产品；（二）为满足人类的精神需要而创造的物质产品。这一类又包括：1. 为创造精神产品载体而创造的物质产品；2. 作为精神产品载体的物质产品。我们现在可以想到，因为我们是按创造目的来分类的，那么"目的"这一概念必然带有我们的主观判断，而这种内部包含着的主观判断其实是我们自己已对什么才是真正的精神需要、什么才是真正的精神产品有了一个隐藏于内心深处的也许是不自觉的界定。我们在自己的思想中实际上有一个狭义的"精神创造世界"的概念，而这一狭义的"精神创造世界"中的精神产品才真正和为满足人类的精神需要而创造的物质产品相对应。

　　这样子，我们可以认为，人类的"第二泛创造世界"中的任何物质产品从根本上说都能在人类的"精神创造世界"中找到对应的精神产品，然而，人类的"精神创造世界"中的精神产品却不一定能在"第二泛创造世界"中找到相对应的物质产品。广义的精神产品肯定有一部分只存在于人的思维中而未能促成相应的物质产品的实现。因此，广义的人类的"精神创造世界"是比人类的"第二泛创造世界"要宽广得多、丰富得多；人类的"第二泛创造世界"只不过是人类的"精神创造世界"的部分的物质实现。也许有人认为一般的精神创造仅仅存在于个人的思想中不应是精神产品。然而，我们难道能否认一般的精神活动对于一个人的发展所起的作用吗？我们难道能否认一般的精神活动对于形成所谓的伟大的精神产品（这些伟大的精神产品往往促成相应的伟大的精神产品的物质载体的出现）提供"养料"的作用吗？如果我们不能否认这些，那么为什么一般的精神活动的产物不能被称为精神产品呢？问题的关键在于如何认识"产品"的概念。至此，你也许已明白了我们在此所说"精神产品"和"物质产品"中的"产品"和我们平时所说的"产品"并不是一回事。此处我们把"产品"概念落在人的"存在"的意义上，人的"存在"即是创造产品——精神产品和物质产品的"存在"。

狭义的"精神创造世界"

在我们对于人类的"精神创造世界"（或者说广义的"精神创造世界"）有了一个初步的概念之后，我们仍要把思考的重点放在刚刚提及的狭义的"精神创造世界"以及此一"世界"中的精神产品之上。和我一起思考着的你应该还记得我们前面提到的人类创造系统。在该系统中，"精神创造世界"对"第二泛创造世界"起调节控制作用，这种调节控制最主要的来源就是人类的"精神创造世界"中的狭义的"精神创造世界"。狭义的"精神创造世界"中的精神产品的创造产生于强烈的相对独立的精神需要。这种强烈的相对独立的精神需要有别于一般的精神需要，因而其产生的精神产品也有别于一般的精神产品；人由于强烈的相对独立的精神需要而创造的精神产品促成人对其特殊的物质载体的创造。我们前面所指的"为满足人类的精神需要而创造的物质产品"正是指向这部分特殊的精神产品的物质载体，是和狭义的精神产品和"精神创造世界"相联系。

强烈的相对独立的精神需要的一个重要特征是可以相对于肉体需要形成很大的独立性，甚至可能促使人否定肉体需要甚至肉体的存在以求某种精神需要的满足。中外历史上各种各样的苦修主义就是这方面的极端表现。当一般的精神需要与肉体需要相混合、相混淆时，强烈的相对独立的精神需要仍会挺立着自己奇伟孤傲的身躯。这种强烈的相对独立的精神需要有理由被我们视为有别于一般精神需要的真正的精神需要。正因为如此，我们把物质创造产品按创造目的分为"为满足人肉体需要的物质产品"和"为满足人精神需要的物质产品"是有意义的，也是有理由的。

前面我们说过美酒在本质上是因为满足人类的肉体需要而被创造的，然而一瓶价值千元万元的美酒在满足人类的肉体需要的同时显然也满足了某种精神需要。我们不应该把此种精神需要视为一种强烈的相对独立的精神需要，因为它显然和肉体需要、和强烈的物欲联系在一起，甚至从根本上说这种需要其实就是强烈的物欲，它不是强烈的相对独立的精神需要——真正的精神需要。当一个人的肉体需要和一般的精神需要相混合时，往往不会产生强烈的相对独立的精神需要——真正的精神需要，而会导致真正的精神需要的"萎缩"。因为当一般的精神需要与肉体需要相混合或相混淆时，很容易给人一种错觉，即精神需要只能通过肉体需要的满足来满足，肉体的快乐才能带来精神愉悦；而实际上，强烈的相对独立的精神需要——真正的精神需要在非常状态下却总是试图通过排斥、否定或牺牲肉体的需要来实现。在生活最艰难的时刻，梵·高画画并不是为了能有面包吃，他是为了画画而吃面包；在病魔缠身之际，贝多芬作曲并不是为了延长自己深受病魔纠缠的生命，他是为了作曲而和病魔作斗争延长自己的生命。你也许已经发现，当我们在对"为创造精神产品载体而创造的物质产品"进行思考的过程中已使我们的思想的"触须"伸向了另一个空间，我们其实已经开始了对人类"精神创造世界"进行的思考。

我们已经说过，本质上的精神产品存在于创造主体的思想之中，然而，由于精神产品物质载体的存在，我们显然可以通过对精神产品物质载体的思考去分析本质上的精神产品，从而可以探寻人类的精神创造之谜的蛛丝马迹。

人类的精神创造也可以说是人类一切创造的起点。人类的创造总是从头脑中开始的。强烈的相对独立的精神需要产生于对某种不确定性的较为强烈的意识。强烈地意识到某种不确定性的存在促使创造主体——思考着的人通过精神产品的创造克服意识到的不确定性。强烈的相对独立的精神需要也可能产生于强烈的潜意识，强烈的潜意识也会促使创造主体——思考着的人通过精神产品的创造去否定潜意识希望去否定的某些不确定性。强烈的潜意识也可以上升到意识水平后再促使创造主体去进行精神产品的创造。

自然界存在的不确定性和人类创造形成的不确定性是处在永远变化之中的，并且，相对人类而言的不确定性也必然由于人类创造的发展而不断"繁殖"。无限发展变化的不确定性在不同维度和不同层次促使人类通过不同的途径、不同的方式进行创造。人类通过不同途径和不同方式进行创造的过程也就是在不同维度、不同层次创造新的确定性的过程。

"爱"与创造

　　哲学、艺术和科学可以说是人们公认的精神创造活动，在对它们进行思考之前我们最好还是来想一想另一个问题。这一问题就是我们在前面提到的：人类自身就是为了满足自身精神需要的产物。对这一问题的思考也算是对前面思考的一种补充。

　　人类对自身的创造是通过男女性结合而实现的。人类对自身的创造是为了满足自身的精神需要，也就是指男女性结合是为了满足各自的精神需要。男女通过性结合来满足自身的精神需要是一种追求高级完美的过程，这一过程可在基本完美基础上完成，亦可相对独立于基本完美的实现过程而完成。这一点我们已在前文中提到过了。

　　人类对高级完美的追求也就是对各种"爱"的追求。人类寻求各种"爱"是一种精神创造活动，目的是为了创造高级完美，进而创造完全意义上的完美。男女寻求的"爱"是异性之爱，目的是为了创造男女性结合的高级完美，进而创造男女性结合的完全意义上的完美。

　　当人刚与母体脱离之时，他几乎还是自然世界的一部分，他仍处于一种混沌的完美之中。然而，在混沌的完美之中有一种与生俱来的残缺感正在无声无息地慢慢增长，直至某一刻，人开始意识到"我"时，这种残缺感就开始以意识之喉舌发出自己的声音了。人开始知道"我"只是"我"，而不是世界，世界并非和"我"是一体的，"我"的存在是不完美的、有残缺的存在。人开始渐渐地把自己和世界区别开来，和周围的人区别开来，人的自我认识的增加同时也是与自然之世界脱离的加剧。"我"的存在始点的缺失又使人有一种隐秘的最基本的不确定性。这种不确定性在某些时刻足以导致人的自我毁灭。"我"的存在始点的缺失以及和自然之世界日益脱离的过程的同时存在，使人无所依从地飘浮至世界的上方，游荡在世界之外，也使人游离于另一个"我"而存在。人有时会感到自己仿佛置身于荒野，在这虚幻的荒野上，人会感到自己既像是自己又好似不是自己。这是梦境中荒野之上的梦境。人活在世界上随着认识的增加、思考的深入会企图通过各种途径、各种方式来克服这种空虚缥缈游离不定的幻境带来的恐惧之感。当小孩子问大人"我可以把星星摘下来吗"之时，他意识到了星星不是他的，然而他又如此热切地想把星星攥入手中；人的一生的活动就好比抓永远不可抓到的星星。有时，人以为自己抓到了星星，然而他其实只抓到了星星的影子。在为了抓星星的影子的时候，他可能已离星星更远了。

人一生要抓的"星星"或者说"星星"的影子有很多。"爱"也许就是其中的一颗"星星"的影子。"爱"有好多种，有性爱、父母之爱、对神之爱、对真理之爱，还有自爱、博爱等等，所有这些不同的爱也许只是一颗"星星"在不同方位的影子。因为人永远无法抓到"星星"，所以人也永远无法真正弄清楚所有的影子是否都来自同一颗"星星"。如果真是这样，那么人的心定是一盏神奇的灯。它的光如此多变地投射于同一颗"星星"之上以至于形成如此之多的不同的影子。如果你愿意和我一样把那颗神秘的"星星"看作是那人类以至万物都永远无法彻底克服的真正永恒的不确定性，那么你也应该同意我把人类对"爱"的追求归结于是对一种不确定性的惶恐。由于我们现在思考的是人类对自身的创造的问题，这一问题与男女性的自身精神需要紧密相连，因此我们思考的"爱"的问题也自然将集中在男女性之间的"爱情"问题之上。

爱情也是"星星"的影子，爱情也是人类自己精神的创造。追求爱情无论如何可以视为一种创造活动。爱情是对缺失之"我"的创造又是对缺失之"我"所属之世界的创造。"我"之始点的缺失引起人对缺失之"我"的体验。对缺失之"我"的创造并不是指爱情创造主体单纯进行"自我"的复制，而是对某种理想的动态的塑造。对缺失之"我"的创造是和爱情对象有关的创造。创造的缺失之"我"具有理想中的完美特性，而这种完美的特性其实是为了形成创造主体"自我"的真正完美。当然，我们在此是指创造主体在爱情问题上对"自我"完美的追求，或者说这里所指的"自我"完美是指"爱情"上的自我完美。爱情对象可以说是创造的缺失之"我"在现实世界中的一个替代，而缺失之"我"的创造在创造主体的头脑中实际上是对爱情对象的创造。因此，人在寻找爱情的时候，他实际是在创造爱情，而这一过程中人其实是在创造着爱情对象和爱情对象所代替的缺失之"我"。从爱情创造主体指向现实中真实的爱情对象的神秘过程中间其实有着创造的差距，即爱情创造主体、缺失之"我"、创造的爱情对象、现实的爱情对象之间的差距。

人，这一伟大而又渺小的爱情动物总是处于"我"之始点缺失的空虚中，人追求爱情、创造爱情是力图克服这种空虚。人需要有一种真实地感受到"自我"的体验，人是如此强烈地希望经受那种完全把握自我的体验。这种强烈的精神需要促使人在自己的精神中创造出种种幻象。这种幻象就是对缺失之"我"的创造，也即是对爱情对象的创造。这种幻象的创造素材来源于爱情创造主体的现实世界，爱情创造主体在现实世界中寻找自己想要用于创造的人的形象、人的性格、人的思想、人的爱好等等。爱情创造主体是如此不遗余力、永不间歇地在脑中进行缺失之"我"的创造。这种创造过程从爱情创造主体还未懂得什么是爱情的时候便开始了，也许我们可以说这种创造开始于爱情创造主体认知开始产生的一瞬，而这种创造并不以婚姻或其他事件为终点，它一直持续到爱情创造主体认知的泯灭——这通常是伴随着死亡而发生的。人被称为"爱情动物"可以说是一种并不过分的说法。"爱情动物"有意无意地一生都在为创造缺失之"我"的完美而劳神伤脑，而同时也是为自身"自我"的真正完美而进行了不懈的精神劳作。

创造缺失之"我"，虽然最终是企图实现完全的真正的"自我"的完美，然而一旦爱情创造主体把创造的缺失之"我"和已有的"自我"完全混同起来，那么他实际上会妨碍自己对缺失之"我"的动态的创造，这样也实际上妨碍了"自我"完美的最终实现。爱情创造主体在这种情况下往往会陷入"自恋"之境。"自恋"的爱情创造主体的现实的爱情对象永远不是完美的，因为自恋的爱情创造主体本身给通往完美之路上了一道不可逾越的栅栏——虽然通向完美之路是一条永无尽头的路。

爱情创造主体创造的缺失之"我"是一些特征的组合体，而用于组合的特征既有男性特征，又有女性特征。不论男性或女性爱情创造主体一般都把创造的特征中的同性特征纳入"自我"完美的创造之中，而另一部分异性特征却构成了一个理想化的爱情对象。对理想化的爱情对象的创造是创造理想中的完美所必需的，理想化的完美爱情对象是"自我"完美的组成部分。

创造理想化的完美的爱情对象是一个运动发展的过程。爱情创造主体在对完美的爱情对象的创造过程中寻找着爱情、创造着爱情。因此，如果现实的爱情对象能向爱情的创造主体不断展示其创造完美所需的素材，就能够不断激发爱情创造主体对创造完美这一创造活动的热情；而创造完美的热情也就是对爱情的热情。一旦爱情的创造主体创造完美的爱情对象的活动由于缺乏创造所需要的素材，他（她）便会感到爱情创造活动受阻，而这种阻碍影响了爱情创造活动本身的动态发展过程，爱情就会被破坏甚至毁灭。

爱情创造主体在对现实爱情对象的寻找和追求过程中，他（她）是以其不断创造的完美特性去美化现实中的爱情对象，因为他（她）在此过程中无法完全真实地了解现实的爱情对象。现实总是不完美的。爱情创造主体对完美因素的创造过程本身的体验使他（她）体验着一种创造的完美——创造过程本身的动态的完美。当爱情的创造主体真正了解了现实的爱情对象的现实意义，他（她）对理想化的完美爱情对象的创造便开始受到损害了，他（她）不得不回到现实中来。他（她）在精神世界中对完美爱情的创造过程的动态受到现实之力的阻碍。现实可能使他（她）感到完美之梦在破灭。婚姻是现实之力大为增强的关节点，因此，婚姻也常常被人们称为"爱情的坟墓"。不让婚姻成为"爱情的坟墓"的途径是保持爱情创造的热情，不断从现实的爱情对象身上发现理想化的完美的爱情对象的特征，并同时不断创造新的理想化的完美的爱情对象的特征。这样，才能形成爱情创造的良性循环。在这样的良性循环中，永久的爱情才可能得以实现。如果一个爱情创造主体不能在现实的爱情对象（不论婚前或婚后）身上实现这种爱情创造的良性循环，他（她）就可能去寻找新的现实爱情对象以求保持爱情创造的热情、保持爱情创造也即是追求完美的动态过程。这也许就是造成夫妻离异和所有相爱者分手的来自于爱情创造的原因。

处于单恋状态的爱情创造主体由于不能实现对现实爱情对象的现实了解，爱情的不确定性使他（她）的爱情就像浮萍一样飘浮不定，因此他（她）的爱情创造处于一种积极的动态之中，他（她）不断创造理想化的完美的爱情对象的特征，他（她）体验着一种创造完美的过程本身的完美；然而他（她）将总是感到"自我"完美的残缺，因为他（她）缺少与所创造的理想化的完美的爱情对象实现同一的机会。爱情创造主体与理想化的完美的爱情对象实现同一的途径只能是通过对现实爱情的对象的了解、认识、结合。如果实现不了与理想化的完美的爱情对象的同一，就实现不了与所创造的缺失之"我"的同一，也就无法真正实现爱情上的"自我"的完美。那么，创造主体从爱情方面对"我"之始点缺失所引起的基本的不确定性的否定就不算是成功的，在爱情方面，创造主体就无法实现一种新的基本确定性。

相恋中的男女双方各自都处于爱情创造的积极动态之中，他和她各自不断创造理想化的完美的爱情对象的特征。他和她各自同时是爱情的创造主体和对方的现实的爱情对象。他和她一方面自己进行着爱情创造，另一方面不断向对方显示其新的特性，这些特性可作为对方创造完美的爱情的材料。这样，他和她共同创造了爱情的良性循环。他和她因此各自都具有与创造的理想化的完美爱情对象实现同一的机会。相恋的人通过在爱情基础上的性交，在各自实现与自己的现实爱情对象相结合的过程中，体验与创造的理想化的完美爱情对象的同一，体验与所创造的缺失之"我"的同一，体验着爱情中"自我"完美的实现，体验着男女性结合高级完美的实现。

在爱情基础上的男女结合是男女双方各自对高级完美的实现过程或者说体验过程，因此，这一过程本身就是一种高级的完美，它满足了男女双方各自强烈的精神需要，创造了各自的和共同的新的确定性。在爱情基础之上的男女结合如果创造了新的生命，那么新的生命真正可以称为是人类为满足精神需要而创造的精神产品的载体——爱情的载体。"生命是爱情的结晶"的说法在这种情况下是完全正确的。爱情创造的新生命的诞生同时实现了人类对自身存在的物质实体——肉体的需要的满足，因此，基本完美和高级完美都得以实现，在这种统一实现的基础之上，男女结合的完全意义的完美也就实现了。

爱情创造活动是实现完全意义的完美的过程，同时也是试图创造缺失之"我"的过程。爱情创造主体所创造的缺失之"我"永远不完全是现实之"我"，而缺失之"我"所属的世界亦非现实存在的世界。爱情创造要创造缺失之"我"，就必须同时创造缺失之"我"可存在的世界。创造的缺失之"我"是一个动态的幻影，幻影存在于创造的世界之中。爱情创造主体所创造的世界亦是世界的幻影。动态的幻影只能存在于动态的幻影世界中。

爱情创造主体是如此真实地存在于现实世界，然而他（她）又是如此远离他（她）所置身的现实世界。每一个人的成长过程都使他（她）趋向于脱离真实存在的自然。他（她）是如此向往着这种成长，他（她）又对成长怀着如此强烈的恐惧。人类永远不会彻底弄清楚"存在"的始点。"存在"始点的缺失使存在的世界本身在人类看来是无根之浮萍，是孤寂而寂寞的存在；而人类就从这先天的孤寂和寂寞的世界中诞生，并且和这孤寂和寂寞逐渐分离。孤寂和寂寞产生的孤寂和寂寞注定变得更加孤寂和寂寞。

人类是爱情动物，且是永不言败的爱情动物。与生俱来的成长着的孤寂和寂寞在人类的心灵深处造成沉重的压迫。人类却不轻易屈服于这种压迫，而是以永不言败的精神来对抗它。爱情创造活动是这种反抗的一种常见方式。创造缺失之"我"所属的世界是爱情创造活动的一部分。在创造的缺失之"我"所属的世界中，爱情创造主体与自己的创造的缺失之"我"得以共处。爱情创造主体更直接地把这种共处体验为与理想化的完美的爱情对象的共处。爱情创造主体在自己创造的缺失之"我"的世界中梦想着与理想化的完美爱情对象的同一。梦幻的共处和梦想实现的同一（即使在梦幻中也不是可轻易实现同一的，梦幻中也需要梦想）使爱情创造主体在某种程度上克服孤寂和寂寞。然而，梦幻就如同麻醉药一样，麻醉药的效力一过，肉体便感到痛苦。幸亏人类还具有审美的权利，因此，人类往往也从痛苦的孤寂和寂寞中体味那种沉重而又似乎永无止境的美。这也许算是一种补偿吧！

爱情创造主体创造的缺失之"我"的世界所需的材料也不可避免地来源于现实世界。现实世界中的自然美景、生活场景等等都在精神创造中重构。醉人的美酒、动人的音乐、爱人的幻影、梦幻的接触等现实的素材进入精神的空间，经过精神创造过程的分离组合、混合搅拌成为缺失之"我"所属的幻影世界。男女爱情创造主体各自创造着自己的缺失之"我"所属的世界。他（她）创造的缺失之"我"以理想化的完美爱情对象的身份出现在缺失之"我"所属的世界中。理想化的完美爱情对象是缺失之"我"所属的世界中的两个主角之一；另一主角则是爱情创造主体。

爱情创造主体在寻找现实的爱情对象时，总是把他（她）与自己理想化的完美爱情对象相比较。与此同时，爱情创造主体也努力想要了解现实的爱情对象的世界——包括现实的爱情对象的现实生活世界和其所创造的缺失之"我"的世界。一个爱情创造主体总是努力试图把他（她）的现实爱情对象——另一个爱情创造主体创造的缺失之"我"的世界与自己创造的缺失之"我"的世界相比较。因此，恋爱中的人总是想尽量地了解对方，深入对方的生活、思想，想和对方一起体验现实中的痛苦和欢乐以及幻想中的痛苦和欢乐，想把对方的眼泪和微笑变为自己的眼泪和微笑，梦想着和对方融为一体、相守至永远，把对方的世界变为自己的世界，把自己的世界变为对方的世界。爱情创造主体的世界与对方世界融合是一种向对方世界的投入，但同时也是对对方世界的占有。相恋的人期待着彼此的付出，也即是期待着彼此的占有。因此在某种意义上说，爱情的确是自私的。相恋的人彼此在对方的世界中寻找自己世界的确定性。相恋的人需要信心。精神上的创造是确定信心的一个途径。爱情创造主体总是企图在现实的爱情对象身上找到信心。相恋的男女各自是爱情创造主体同时又是对方的现实的爱情对象，他们的结合是各自对自己世界的确定性的求证。当爱情创造主体自以为不通过性的结合便已经和现实爱情对象的世界（包括现实的世界和创造的缺失之"我"的世界）融为一体时，爱情创造主体在精神上就以为已与现实的爱情对象实现了统一，这样就有可能妨碍两性的结合，破坏男女结合的基本完美。柏拉图的精神恋爱可以说就是对男女结合基本完美的破坏。爱情创造主体通过精神恋爱有可能创造缺失之"我"所属的世界的确定性，然而却终不能实现完全意义上完美。

爱情的完全意义上的完美是不能绝对地实现的，因为完全意义上的完美总存在于永恒的创造之中，而爱情创造又和梦幻如此紧密相连，爱情的完全意义上的完美将永远带有梦幻的色彩。与其说爱情是永恒的，还不如说爱情创造是永恒的。

爱情创造是人类的精神需要；爱情正是人类创造的精神产品。我们在此可以说人类自身就是为了满足自身精神需要——爱情创造需要的创造产品，人类自身就是人类的精神产品——爱情的物质载体。

哲学创造

在对上面这一问题进行了思考之后，我们下面来分析一下哲学创造、艺术创造和科学创造。

作为创造产品的哲学的最高目标是否定"第一的和终极的事物"的不确定性。哲学问题的解决需要通过理性来完成，然而，理性不一定就等同于哲学。理性是哲学用来否定不确定性的工具，而通过理性的思考来否定不确定性则是哲学对不确定性进行否定的途径和方式。由于不确定性是绝对的，人对不确定性的认识是相对的，所以"第一的和终极的事物"对于不同的哲学家而言必然是不同的，即使是一脉相承的弟子的哲学也可能和老师的哲学大相径庭。从古到今的纷繁复杂的哲学流派的形成是一个必然的结果。哲学家企图否定"第一的和终极的事物"的不确定性的时候，也正是以自己的哲学体系创造关于"第一的和终极的事物"的新的不确定性的时候。不同哲学家对"第一的和终极的事物"的不确定性的否定也就是使这种不确定性在被不同哲学体系否定的过程中得以衍生、繁殖，从而在哲学本身之中形成了不同维度和不同层次的新的不确定性。进行哲学思考的西西弗斯们不满足于只推一块石头，他们自己还创造了一些石头去推。哲学界的西西弗斯们的创造本身体现了强烈的相对独立的精神需要。哲学家们在进行哲学创造时依赖于理性使得他们每个人都相信自己体系的合理性，这种理性基础上的信念反过来又使他们更加依赖于理性的思考。这使得哲学从古到今都一直保持着自己独特的创造方式。也许我们对于哲学的理解应该像我们理解艺术一样不该强调对或错的判断而应该重视其对于不确定性的否定过程，这种过程也许正是哲学的真正价值所在。

艺术创造

艺术被认为是最富创造精神的领域，我们不妨也用较多的笔墨来分析它。艺术作为精神创造产品有多种形式。各种不同的艺术形式是对不同的不确定性的否定，而不同的不确定性的否定又往往被认为是对各种不同的"美"的创造。艺术往往被人们认为是用来创造"美"的。不确定性是绝对存在的，"美"也不能把绝对存在的不确定性排斥在自身之外。人对绝对不确定性的认识是相对的，因而与人的认识相联系的"美"必然体现着变化的不确定性，"美"的观念必然有形成、发展、变化的过程。不确定性本身是不具有"美"的观念的，起源于对不确定性进行否定的艺术最初显然不是为了否定"美"的不确定性。"美"的观念并不是对"美"的不确定性的否定才形成的。艺

术对"美"的不确定性的否定必然是在人类有了"美"的观念之后才开始
的。因此，既然艺术在起源之初一定不是为了否定"美"的不确定性而出现
的，那么发展至今天的艺术的发展过程中，必然有不是为了创造"美"的艺
术。艺术家——在人们称他为艺术家之前他也许不认为自己是艺术家，在人
们称他为艺术家之后他也许仍不认为自己是艺术家——也许不一定是为了创
造"美"，他只是为了肯定自己认为必须去肯定的某种不确定性，只是出于强
烈的相对独立的精神需要而进行创造。

值得注意的是现今所存的数量可观的各种原始艺术。原始艺术——这是
我们现代人赋予那些原始时代的遗物和存活下来的原始文化的名字。然而我
们知道原始人和现今所存活的处于社会发展低级阶段的人并不是为了艺术而
进行艺术创造，更恰当地说他们可能只是为了满足某种强烈的精神需要、试
图否定某种不确定性建立某种确定性而进行我们所谓的"艺术"创造。

原始人和现今所存活的处于社会发展低级阶段的人对某种新的确定性的
精神上的需要是在其社会经济基础上产生的，由其生产条件所决定的。自然
界对原始人而言是一种神秘的存在。原始人为了生存必须关心自然界，探索
自然界，正如他们的后代——现代人仍在做的一样，只不过现代人在这方面
做得更好一些，比自己的祖先进步了许多。原始人在大多数情况下对自然界
只知其然而不知其所以然。原始人不能对一些自然现象给予充分的说明，于
是产生某种强烈的相对独立的精神需要，试图通过自己的精神创造来寻找某
些新的确定性。

图腾（Totem）的产生是原始人在精神上对某些新的确定性进行探求的很
好的说明。图腾形成的精神上新的确定性最初是服务于人类自身存在的物质
实体——肉体的，图腾是为了更好地维持肉体的存在和解释肉体的存在。图
腾的出现可以说是肉体对物质需要和精神自身的需要相分离的较明显的标志。
精神的需要虽然服务于肉体对物质的需要，但它已显出了一定的独立性。在
精神上寻求对不确定性的解释本身就是精神需要开始独立的迹象。图腾因此
是一种精神上的创造。原始人以各种形式创造图腾，这些形式包括神话传说、
装饰、雕刻、绘画、舞蹈、音乐等等。

图腾把自然物进行超自然化。原始人在与自然界的斗争中有时无法以自
然主义的方式和手段来对抗充满神秘威力的大自然。骤然暴发的滔天洪水，

如地狱之火喷涌而出的火山熔岩，瞬间造成山移地裂的地震，长期的赤日炎炎造成的干旱等等自然现象使原始人处于无法抗拒的惶恐和不解之中。为了摆脱这种惶恐和不解，或者更确切地说是为了增加生存的机会，原始人需要某种可用来与自然魔力相对抗的力量。原始人由于生产力极低，无法以自然的物质手段来实现自身力量的增强，因而在自己的精神中创造出某种超自然的存在物。超自然的存在物必然是自然物的借用或变异。

在创造超自然物的过程中，原始人不可避免地受到自身劳动方式、生存环境的限制和影响。苏联物质文化研究所的 S. N. 布伊哥夫斯基认为图腾主义起源于旧石器时代后期，在向新石器时代的过渡中趋于崩溃。① 这种看法是基于大量考古学、民俗学、语言学的研究基础之上的。我们知道旧石器时代人类的狩猎、采集能力所受的自然约束是极大的。不同的原始人群的活动范围是有限的，他们的劳动工具也处于极简陋的阶段，因而不同的原始人群体就有可能长期较为稳定地猎取一种或几种动物、采集到一种或几种果实。这些动物和果实维系着这些原始人团体的生存。因此，原始人有理由把自己的生存机会归之于这些像是由神秘力量所赐予自己的食物。在长期的狩猎采集过程中，由于某些因素的多次出现，或者由于原始人偶然意识到了某些因素之间的联系，如一种动物被捕杀的同时碰巧狩猎总量减少，原始人可能会在其中寻找某种联系，就像我们现在的社会调查中常运用的相关分析一样。某些偶然的联系一旦被强化，就可能使原始人形成对某种动物的敬畏之感，于是，禁忌（Taboo）就可能形成。同时，由于各原始人群体之间可能在狩猎活动中发生对有限猎物的争夺，因此为了使彼此都能获得更多的猎物，就有可能一同缩小禁忌的范围。如果一个原始人群体以马为禁忌，那么除了马之外的动物群体成员都可猎取。多个原始人群体就可能形成多种禁忌。禁忌的形成是原始人利用精神进行的一种重要的创造。当原始人把超自然的力量赋予他们已创造的禁忌，他们的图腾便产生了。因此，图腾可以说是原始人由于物质原因引起的精神需要而在精神上进行的二重创造，即创造禁忌，并赋予超自然的力量。这种二重创造很可能是一个混合过程。我们在思考图腾的创造这一问题的时候显然对其过程进行了人为的简化和分离。简化和分离对于我们

---

① 岑家梧:《图腾艺术史》附录三，学林出版社 1986 年版。

试图抓住主要问题是有帮助的，但是，我们不能忽视图腾创造过程中种种混合在一起的其他一些因素。在禁忌的形成过程中以及赋予禁忌以超自然力量的过程中可能有许多因素同时起作用，它们互相交杂、混合在一起，最终实现图腾的创造。例如，原始人可能把自身起源和图腾联系在一起，相信图腾为自己群体的祖先；原始人可能认为图腾动植物与人相结合而生出自己的图腾部落；原始人也可能认为图腾动植物是自己群体中的成员，因而把图腾动植物视为自己的兄弟姊妹，这种认识在南澳洲各图腾部落、北美荷萨吉人、秘鲁印第安人等原始部族中是很普遍的；原始人也可能认为图腾动植物曾在过去的灾难中救助过部族的祖先，或是部族生存品的供给者。[1] 原始人把自己通过血缘关系或其他因素与图腾动植物建立起某种强烈的相关。由于各种因素混合渗透的影响，图腾创造应该是一个渐进的过程，而不是一个突发的过程。

原始人寻求与图腾的某种程度的血缘关系，本身又是一种寻找自身确定性的精神创造活动。这一创造活动是有自己的相对独立性的。图腾的创造只不过是与这一创造活动相关的创造活动。原始人寻求与图腾的某种血缘关系是出于对自身起源的思考，这显然是一种有指向性的思考活动。我们前面说过两个主要始点的缺失，原始人对自身起源这一问题的思考是由于"我"之始点的缺失而引起的，这种思考也使他们意识到了"存在"始点的缺失。对这两个基本不确定性的思考引起了大量神话传说的创造。神话传说的创造显然对图腾的创造起了重要的作用，图腾创造同时又反过来形成许多新的神话传说。神话创造是人类为否定基本不确定性进行的创造，图腾创造也有否定基本不确定性的作用。

原始人通过对图腾的崇拜来祈求超自然力量的庇护和帮助。装饰、雕刻、图画、舞蹈、音乐是原始人和图腾保持联系的主要方式。通过这些方式的图腾模仿，原始人认为可以靠近图腾，进而获得超自然力量。原始人有一种信念，认为通过对图腾的祭祀、塑造种种图腾雕塑、描绘图腾的形状和色彩、模仿图腾的样子、动作和声音可以获得图腾的保护、获得某种超自然力量的保护，从而使自己部族群体食物充足，生存能力增强。这种起源于对物质的

---

[1] 岑家梧：《图腾艺术史》，学林出版社 1986 年版。

需要和保证自身肉体存在的需要最终导致了相对独立的精神需要。强烈的相对独立的精神需要甚至要求以破坏自身的肉体为代价。原始人在模仿图腾的活动中有涂色、切痕、黥纹、穿鼻、毁齿、镶唇等行为。切痕是以刀切开皮肤，待伤口愈合后保留伤痕；黥纹是将颜色黥刺于皮肤形成纹样；穿鼻大都是以木条或骨片穿透鼻梁；镶唇是以木片镶在唇上下，使唇呈鸟嘴形或其他动物的嘴形；毁齿则是磨锐牙齿或拔去某些牙齿以模仿斑马、鳄鱼等动物的牙齿。这些行为都是以模仿图腾动植物为目的的。这些在我们文明社会看来甚为残酷的行为从根本上说是为了自身肉体的更好的存在和发展，然而在某种程度上已发展为精神对肉体的超越。因此，这些活动可以说是直接由于强烈的相对独立的精神需要而进行的创造活动。

在对图腾进行的各种模仿活动中，原始人创造了现代人所谓的"图腾艺术"。图腾艺术不是为艺术而艺术的。图腾艺术只是原始艺术之中的一部分。现代人所谓的"原始艺术"最初也不是为艺术而艺术的。许多非图腾的原始艺术的创造可能是出于对自然之物感兴趣的摹写，对自然种种不解现象的思考以及一些我们至今无法知晓的动机。

后期图腾的创造以及至今残留的图腾创造行为的动机已有别于最初的图腾创造动机。在氏族制中出现的图腾特征表明图腾发展到此一阶段可能只是用于非经济性的祭祀，而图腾的形象、符号更多的与巫术联系在一起。这种变化是与生产力发展相联系的。生产力的发展使最初起因于物质需要的创造渐渐向较为单纯的为了满足精神的创造发展。这一发展过程是漫长而微妙的，人类为艺术而艺术的创造动机在这一过程中端倪初露。

人类在创造过程中对线条、色彩等创造产品逐渐积累起某些稳定的看法，并且试图了解线条、色彩本身的特性与自我体验的关系。一条平画的直线可能使创造者感到稳定；一条曲线可能使创造者感到视觉的愉悦；一块红色可能使创造者热血沸腾或感到某种恐惧——他也许把自己捕杀动物时见到的血的颜色与此相联系；一块绿色可能使创造者觉得心理上的平静和放松。经过漫长的积累和积累之上的新的创造，"美"的观念才可能形成，这样，为了追求"美"本身的创造动机可能在人类心中从隐蔽的角落升腾而出，对"美"的确定性的追求促使创造者不断通过思考进行精神上的创造并且通过某种物质载体——如线条、色彩等来表现这种确定性。

由于"美"的观念形成了，并且由于"美"的观念像一张变化着的可大可小的神秘大网，所以当人们认为某一创造是"美"的，那么它也就是"美"的了。我们应该认识到"美"是一个多么抽象的、变化着的概念，它没有一个绝对的标准，某时的"丑"可能成为另一时的"美"。然而，由于人类的发展是一个连续的过程，这一过程有相对稳定的阶段，人类的认识也必然是一个连续的过程，并且在不同阶段具有相对的稳定性，因此"美"的观念也必然有一定的稳定性。"美"的观念的一定稳定性的存在使人们可以体验到某些艺术品所包含的所谓的永恒之"美"的存在。任何艺术品包含的"美"对于人类而言都不可能永恒地存在，所谓永恒之"美"是艺术品所包含的某种确定性，这种确定性可能接近自然界固有的均衡与和谐；或者说以创造产品的形式体现了自然界固有的均衡与和谐。因为自然界固有的均衡与和谐是具有永恒性的，它是独立于人类创造而存在的，因而体现（"体现"本身只能是接近）自然界固有的均衡与和谐的艺术品具有相对的永恒性。我们知道的确有这一类艺术品存在，它们不会像昙花一样转瞬失去其特有的"美"。

艺术通常是依赖感觉来捕捉不确定性的存在的，同样，艺术通常也依赖感觉来否定不确定性的存在、肯定某种确定性。感觉是人的一种奇妙的心理状态，它像神秘的自然界一样具有某种神秘性。依赖感觉而肯定的某种确定性并不能完全否定依赖感觉捕捉到的某种不确定性。艺术依赖感觉所创造的确定性和感觉所捕捉到的不确定性永远不可能达成完全的、精确的对应关系。艺术天生具有不精确性。有人可能会说音符应是精确的。的确，音符本身可以是精确的，然而这并不足以证明音乐是精确的、艺术是精确的。我们所说的不确定性对于音符而言是指音符所负载的某种确定性不可能完全精确地实现对某种不确定性的否定。因而，音乐家利用音符创作的音乐所负载的某种确定性并不完全等同于音乐家思想中的精神产品，音乐所负载的精神产品是作为物质载体的音符本身所包含的某种确定性。艺术依赖感觉，感觉使作为精神产品的物质载体本身所包含的确定性和创造主体头脑中的精神产品之间存在着的差距体现出一种奇妙的不精确性。这种不精确性的奇妙在于艺术使人有时感到自己完全实现了和艺术作品所负载的精神产品的同一。艺术家通过一次又一次的尝试和努力以不精确的形式去实现艺术作品所负载的某种确定性与自身精神产品的最大程度的同一。艺术作品的欣赏者通过投入的体验

去实现自身精神产品与艺术创作品所负载的某种确定性的最大程度的同一
——这也是一个再创造的过程。

　　艺术家总是努力想要达成自己头脑中的精神产品和自己所要创造的艺术
品所负载的某种确定性的最大程度的同一。由于精神产品的创造从根本上讲
是动态的、流动的，因此艺术家对精神产品的物质载体——具体艺术作品的
创造活动必然受精神产品创造的影响。艺术家总是想不断超越自己已完成的
作品。一件作品的完成并不代表创造的完成，而仅仅只是一种确定性的达成。
已达成的确定性在艺术家看来也许永远无法和绝对完美的确定性相同一。艺
术家是追求完美的，他向完美靠近的唯一的途径就是不断地创造。

　　法国古典主义画派的主要代表人物安格尔一生创作了大量的裸女图，他
试图在对人体的表现中实现"永恒的美"。安格尔追求的"永恒的美"在他
76 岁时创作的伟大作品《泉》（见图 4 - 3）之中得到了较完美的体现。《泉》
中的少女的恬静、纯洁等带有普遍意义的美通过作品的精致的构图、各种美
学法则深具匠心的运用而体现出来。《泉》中的少女的美不是现实的美，现实
中不可能有这种美。《泉》所体现的具有普遍意义的抽象的美并不是作者在瞬
间找到的，据说这幅作品的构思始自于 1820 年，从 1820 年到 1856 年经过了
36 年后才最终完稿。在 1848 年，安格尔画了一幅名叫《阿纳底奥曼的维纳
斯》（见图 4 - 4）的画。此画中的维纳斯几乎可以看成是《泉》中的少女的
前身。《泉》中的少女姿态和《阿纳底奥曼的维纳斯》中的维纳斯的姿态几
乎是一样的。她们的身躯都体现了"对偶倒列"的法则。她们不仅在大的姿
态上极其相似，即使在小的动态上也体现了前者与后者一脉相承的关系。比
如，"少女"的头部和"维纳斯"头部的倾斜方向是一致的；她们都是右腿
微屈，左腿直立，右手举起屈在头顶，左手向上屈起。只要我们稍加留意，
我们就会发现作者对"少女"的创造是在"维纳斯"的基础上的进一步创
造，这种进一步创造过程本身就是作者使自己的创造向理想中的完美接近的过
程。如果我们忽视创造过程的动态特性，忽视创造过程本身就是不断否定已有的
确定性而向完美靠近的过程，那么我们很可能会把安格尔看作是一个创造力经常
陷于枯竭状态的艺术家，《泉》可能会被我们视为安格尔在创作力衰竭状态下对其
旧作的取巧的复制。然而，正如安格尔本人所说，《泉》的创作使主题更接近于自
己的理想。

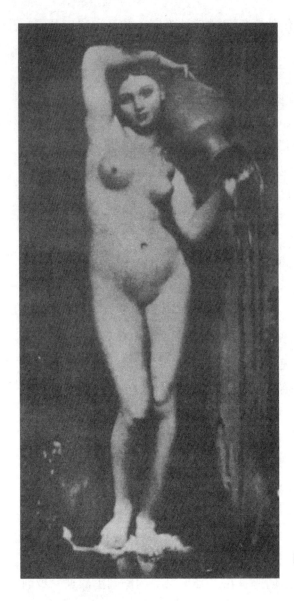

图4-3　安格尔《泉》

图 4 - 4　安格尔《阿纳底奥
曼的维纳斯》

安格尔的理想就是要在女性裸体中创造"永恒的美"。我们应注意到，《泉》
并不是把《阿纳底奥曼的维纳斯》中的几个小天使删去后再对人体、物体和
背景作一些简单的修改，《泉》中处处蕴含着作者对"永恒的美"的独具匠
心的追求。《阿纳底奥曼的维纳斯》中的维纳斯是蒙着神的光芒的人，而
《泉》中的少女则是身为人身的神，是抽象的"永恒的美"的化身。两幅画
中的人物虽然极其相似，然而给人的感觉却是两样的。不同的感觉正是由于
两幅画中的细微因素的不同进而引起整体内涵的不同而引起的。对作品细致
入微的考虑正是安格尔对"美"的不懈探索。《阿纳底奥曼的维纳斯》中的

创意思维：关于创造的思考

维纳斯是一位正在梳理头发的少女，她的右胳膊举起并绕过头顶轻捋着头发，左胳膊向上屈起，左手在左肩处抚着下垂的金色长发。维纳斯的双手和长发对头部形成了严密的包围，维纳斯的上半身的轮廓线几乎是一个拉长的椭圆，给人的感觉是内收和蜷缩的。维纳斯的脸部带着世俗之人的特点，眼中和嘴角是带笑意的。维纳斯屈着的右腿膝盖以上的大腿部分明显地靠向内侧，而膝盖以下的小腿部分则以较大的幅度向外侧伸出，整个身躯的姿势因此流露出世俗的故作姿态的妩媚。《阿纳底奥曼的维纳斯》中的维纳斯的确体现了一种美，然而这种美被《泉》中的少女超越了。和《阿纳底奥曼的维纳斯》中的维纳斯相比较，《泉》中的少女有许多自己的特点。《泉》中的少女的眼神和脸部的表情是宁静的，既不冷漠也不给人以笑意流露的亲和感。她的脸部线条显得更加优雅和完整。她的两手姿态比"维纳斯"的两手更舒展。她的右胳膊并不像"维纳斯"那样紧贴着头部；右上臂、右下臂形成的是折线，肘部是折线的角；手臂和头部之间形成空隙。她的左手紧握着水罐的口，因此也不紧贴身体。这样，《泉》中的少女上半身的线条不像《阿纳底奥曼的维纳斯》中的维纳斯的曲线那样给人以蜷缩感。《阿纳底奥曼的维纳斯》中的维纳斯因为上半身线条的蜷缩感给人一种忸怩作态、故作妩媚的感觉，这种感觉在她与《泉》中的少女相比时更为明显。《阿纳底奥曼的维纳斯》中的维纳斯两手的动作对象是头发——人体的附属物，也可以看作是人体的一部分，而《泉》中的少女两手的动作对象是水罐——一个无生命的物体。在《阿纳底奥曼的维纳斯》中我们看到的仅是世俗的美女动人的姿态，而在《泉》中，我们看到了蕴含生命活力的处女和无生命静物的和谐统一。《泉》中的水罐的静以及水罐中流出的似动却静的水鲜明地衬出了少女体内所蕴含的生命活力。《泉》中的少女不再像《阿纳底奥曼的维纳斯》中的维纳斯那样要通过忸怩之态来表现活力。安格尔对《阿纳底奥曼的维纳斯》中的维纳斯的世俗之美的否定还通过对《泉》中的少女腿部动作的设计表现出来。《泉》中的少女的右腿也是微屈的，大腿也向内侧靠，然而并不像《阿纳底奥曼的维纳斯》中的维纳斯的动作幅度那大；《泉》中的少女的小腿向外侧伸出，然而和"维纳斯"相比，她的小腿的外伸幅度显得相当小。如果说《阿纳底奥曼的维纳斯）中的维纳斯大腿的动作是出于她的羞怯，那么她的较大幅度外伸的小腿（尽管小腿的动作多少是由大腿的动作引起的）则使她由于羞怯而作出的动作或多或少变成了一种诱惑。如果安格尔有机会进入今天的迪斯科舞厅去看一看，他会发现他的"维纳斯"的小腿动作与那些陶醉于舞曲、展示着自己魅力的女郎们的小腿的动作是何等的相似（当然，我们这么说并非要亵渎美丽圣洁的维纳斯）。安格尔毕竟是一位伟大的艺术家，他意识到《阿纳底奥曼的维纳斯》中的维纳斯的美并不是他所追求的"永恒的美"，因此他通过不断创作直至在《泉》中的少女身上较完美地实现了他的追求。《泉》中少女的腿部动作的表现是适度的，很好地表现了处女的羞怯与拘谨，却又不至于过分的表现而使羞怯与拘谨变成一种诱惑。《泉》中少女是羞怯的，又是坦然的、平静的、充满活力的。她有着人的肉体，却又有超凡的圣洁，她不属于现实世界，而是理想世界中理想美的化身。安格尔在《泉》中以线条和色彩确定的是他所追求的"清高绝俗和庄严肃穆的美"。

《泉》和《阿纳底奥曼的维纳斯》之间的联系很好地说明了创造者通过对已有的确定性的否定去追求新的"美"的确定性的过程。除此之外，安格尔的其他创作活动也是对这一点的很好说明。安格尔经常对同样的构思进行多次创作，他的一幅画中的人物经常在另一幅画中出现，他甚至多次重画自己的画。我们不应把这种现象看作是创作上的偷懒，而应把这种形式的创作活动看作是对创造活动本身的追求。在这种过程中，艺术家不断努力使自己的作品所负载的确定性与自己头脑中的精神产品相同一，他的每一次创作都在向自己心中的新的确定性靠近。《瓦尔平松的浴女》（见图4-5）中的浴女形象经过再创造出现在《土耳其浴室》（见图4-6）中是另一种"美"的确定。这一创作过程反映了安格尔精神产品的动态的变化，在相似的形象中体现了创造的流动性。创造活动本身的特点其实得到了更单纯的体现。创造主体在精神上的对创造的需要不仅体现在对艺术作品这一物质载体的创造上，更体现在创造过程之中。创造过程中本身就是对不确定性的不断的否定，同时亦是不断创造新的确定性的过程。

对创造新的确定性的热情来自于不确定性产生的驱动力，对新的确定性的不断肯定即构成创造过程本身。对创造过程本身的着迷是所有艺术家共有的特点（哲学家、科学家也有这种特点）。不断的创造过程体现了创造者的精神活力。具有充沛的精神活力的创造者往往把创造过程本身放在首要位置加以强调，从而有可能走向对创造过程本身的极端追求。20世纪的许多现代艺

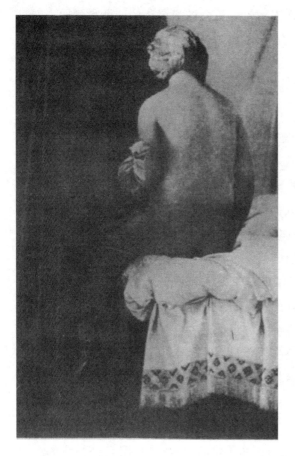

图 4 - 5　安格尔《瓦尔平松的浴女》

术就是对创造过程本身的极端的追求。超现实主义的重要代表人物戈尔基（Arshile Gorky，1904—1948）就是对创造过程本身极端重视的典型。戈尔基说过这样一段话：

　　"当某个什么东西结束了，那就意味着死了，对吗？我相信永恒。我永远不结束一幅画——我只是暂时停一下。我喜欢作画，因为这是一件我永远做不完的事。有时我画了一幅画，然后又把它涂掉，有时则同时画 15 幅或 20 幅；我这么做是——因为我常常喜欢改变主意。要紧的是一直保持着开始作画的状态，永远不结束它。"（纽约现代艺术馆戈尔基展览目录，1962）①

　　戈尔基喜欢作画，因为作画对他而言是一件"永远做不完的事"。"做不

————————

　　①　转引自［英］爱德华·卢西·史密斯著：《1945 年以后的现代视觉艺术》，陈麦译，上海人民美术出版社 1988 年版，第 26 页。

图 4 - 6 安格尔《土耳其浴室》

完"成了戈尔基喜欢作画的原因。"做不完"是创造过程的特性，它对于艺术家来说简直是一种魔力。创造过程的永不终结在于创造主体通过创造对已有的确定性的不断否定，也即是对未知的新的确定性的不断肯定，也即是对未知的新的确定性的向往和探求。人类普遍存在的猎奇心理也可以说是创造欲望的变化形式。以艺术手段来捕捉和再现未知的新的确定性就是艺术作品的形成。戈尔基有时画了一幅画，"然后又把它涂掉"，"涂掉"的也就是他已创造的旧的确定性，"涂掉"一幅画这一活动本身就是一种创造活动。戈尔基"有时则同时画 15 幅或 20 幅"画的创作行为是对未知的新的确定性的强烈的精神需要的表现。戈尔基说自己"常常喜欢改变主意"，这一点正好是精神创造动态性、流动性的很好的说明。"要紧的是一直保持着开始作画的状态，永远不结束它"则说明戈尔基对创造的精神需要直接指向创造过程本身。害怕创造过程的停止，就像害怕生命的停止一样。如果创造过程的停止意味着创造的死灭，那么也意味着以创造为生命的艺术家"创造生命"的结束。"创造生命"死亡了，那么肉体的存在对艺术家而言还有什么意义呢？因此，当一个艺术家觉得自己不能再创造了，那么他的肉体的存在往往会受到他自身精神需要的威胁。精神对创造的渴望最无奈、也是最强烈、最悲壮的表现往往是通过毁灭肉体来实现向创造的最后一跃。我们说过，强烈的相对独立的精神需要有可能导致对自身物质实体——肉体的否定。戈尔基是在1948年自杀的，如果我们说是不幸导致了他的自杀，我们还不如说是不幸剥夺了他不断创造确定性的能力而使他求助于死亡的帮助。当太多的不幸使他感到有太多的不确定性，然而他又没有足够的力量去否定它们并实现新的确定性的时候，当他作为艺术家通常用来否定不确定性的手段——在某种意义上于艺术家看来也是唯一最有效的手段——艺术创造活动不足以否定太多的不确定性的时候，他只能通过最无奈、最强烈、最悲壮的"最后一跃"投向另一个全新的世界。

在过程中捕捉未知的新的确定性的极端表现也可能使艺术的创作技法走向极端。杰克逊·波洛克（Jackson Pollock，1912—1956）是抽象表现派的杰出代表，他就是一个很好的例子。波洛克以他在画布上洒滴颜料的独特的创作技法闻名于世。我们可以在他的《赭石，作品第二号》（见图4-7）等作品中看到他的独特的创作风格。波洛克在他的自述《我的绘画》（1947）中这样描写他自己的作画过程：

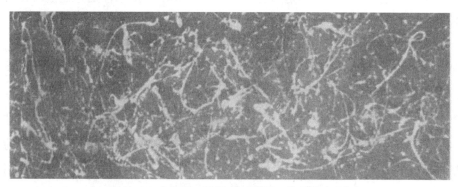

图4-7　杰克逊·波洛克《赭石，作品第二号》

"我的画不是从画架上来的，作画前，我很少绷钉画布，我宁愿把未绷紧的画布钉在坚硬的墙壁或地板上。我需要一块坚硬的平面顶着。在地板上我觉得更舒服些，这样我觉得更接近我的画，我更能成为画的一部分，因为我能绕着它走，先在四边入手，然后真正地走到画中间去，这很接近西部印第安人用沙作画的方法。"[①]

波洛克还这样写道："当我作画时，我不知道自己在做什么。只有经过一段时间的熟悉后，我才看到我是在做什么。我不怕反复改动或者破坏形象，因为绘画有它自己的生命，我力求让这种生命出现。只要我与画面脱离接触，其结果就会一团糟。反之，就有纯粹的和谐，融洽自然，画也就完美地出来了。"（《可能性》，纽约，1947—1948）[②]波洛克的作画方法和传统的作画方法是大相径庭的。我们甚至可能把他的方法看作是一种奇怪而又滑稽的行为，然而不管如何奇特或滑稽，他的方法的确是适合他对创作过程本身强调的，并且通过这种方法，对未知的新的确定性的追求几乎变得单纯而鲜明了。波洛克的钉画布的活动已不再是简单的"钉画布"，而是成为创造活动的一部分，这也是对某种未知的新的确定性的追求。波洛克本人也不仅仅是创造主体，而是成为绘画工具的一部分，成为"画的一部分"。波洛克的创作方法使他在创造新的确定性的过程中变得更加自由，从而可能创造更多的连他自己也没有想到的新的确定性。

精神创造具有动态的、流动的特点。波洛克的创作方法可以说在某种程度上达成了与精神创造过程的同一。波洛克的创造似乎是企图超越创造精神产品的物质载体，而要直接再现精神产品本身。精神产品具有某种永远难解的神秘性，创造主体往往不清楚自己的头脑中为什么会出现这种想法或那种想法。波洛克使自己在创作时回到了那种神秘状态，连他自己也"不知道自己在做什么"。未知的新的确定性在神秘状态中源源不断地涌现，绘画在这种神秘状态中显示出自己的生命，这也是精神产品自身之生命。在波洛克看来，这种过程就是实现"完美"的必然过程。

波洛克已经意识到了绘画的生命相对于他自身存在的独立性，因而他会

[①②]　爱德华·卢西·史密斯著：《1945年以后的现代视觉艺术》，陈麦译，上海人民美术出版社1988年版，第27页。

说："我不怕反复改动或者破坏形象，因为绘画有他自己的生命，我力求让这种生命出现。"人类自身就是自身精神产品的物质载体，精神产品相对于物质载体有一定的独立性。波洛克作为自身精神产品的物质载体，通过他独特的创作方法力求使他自身的精神产品在从第一个物质载体——他本人身上转移到第二个物质载体——艺术作品的过程中尽可能不被曲解、改变而体现其本色。这种方法在一定程度上显然是有效的。这种创作方法往往不会先有"美"的概念，而是先去自然地寻找未知的新的确定性，然后在创造了新的确定性之后才去体验"美"的存在。正如波洛克所说，"只有经过一段时间的熟悉后"，他才知道自己在做什么。波洛克所言的绘画的"自己的生命"正是我们前面所说的艺术作品本身所负载的确定性，也即是它所负载的精神产品，这种精神产品和它的物质载体——艺术作品本身以及艺术作品的创造主体的精神产品都有一定的独立性。波洛克显然意识到了这一点。对于用波洛克这类创作方法创作的艺术作品（大多数现代艺术的创作都或多或少利用了这类方法），欣赏者若是以已有的"美"的概念去欣赏它们，往往难以体验到作品的"美"的存在。也许，更合适的方法是先忘掉"美"的概念——所有"美"的概念，而直接去捕捉、体验作品本身所包含的独有的确定性。这样，欣赏者或许会发现，一件作品所包含的独有的确定性正是它所负载的"美"。

我们还可以注意到波洛克和戈尔基一样害怕创作过程的中断和停止，他说："只要我与画面脱离，其结果就会一团糟。"这种心理是精神上对创造过程本身的强烈的需要，这是一种纯粹的精神需要。一个艺术家创作一件艺术作品往往可能起因于某种现实的需要，现实的需要往往有较明确的动机，也就是说基于现实需要的精神需要有较明确的现实指向性。比如许多画家是因为订主的要求而创作的，创作一幅画的直接原因可能是对金钱的需要。安格尔的许多名作就是为了从订主那儿获得报酬而画的。中国古代的扬州八怪的许多作品更是直接为了卖画换钱养家糊口而创作的。然而，我们决不可断言出于一些名利目的的创造活动就不可能结出杰出的艺术果实。任何创造——不论艺术、哲学或科学能不能产生杰出的成果，往往不是取决于创造的现实需要或直接原因，而取决于创造过程中创造活动本身能否向纯粹的为"创造"而创造、为"艺术"而艺术、或为"科学"而科学、为"哲学"而哲学的精神需要靠近，取决于创造主体的创造力得到了何等程度的发挥及何等有效的实现。一个艺术家可能为了获得一枚金币的报酬而进行创作，然而在创作过程中他可能完全忘掉了一枚金币的事，他进入了一种为"创造"而创造的状态，纯粹的精神需要促使他不断去寻找未知的新的确定性。他会试图不断向他心目中的"完美"靠近，他甚至进入一种"忘我"的境界，他此时不是为了自身肉体的存在而存在，而是为了实现他的精神产品的创造而维护他的肉体的存在。从有明确现实动机的精神需要变为无明确现实动机的纯粹的精神需要的过程即是从不是为了"创造"而创造变为为了"创造"而创造的过程。无现实意义的纯粹的精神需要是人类生来就有的，无论它埋得多深、多隐秘，它无时无刻不在起着作用，虽然这种作用有时很强、有时很弱，甚至弱得我们无法意识到。无现实意义的纯粹的精神需要本质上是为了对绝对存在的不确定性进行否定。

绘画、雕塑、诗歌、音乐、建筑是公认的五大艺术形式。除此之外，艺术还有很多种形式。不管是哪一种艺术，都是以自己独有的形式去创造某种确定性，其中包括创造那种对人类而言几乎是永恒的"美"。

科学创造

对艺术进行了一些思考之后，我们再来看看科学创造。科学——我们在此所说的是现代意义上的科学——也具有为满足纯粹的精神需要的本质。亚里士多德说："古往今来人们开始哲理探索，都应起于对自然万物的惊异；他们先是惊异于种种迷惑的现象，逐渐积累一点一滴的解释，对一些较重大的问题，例如日月与星的运行以及宇宙之创生，作成说明。一个有所迷惑与惊异的人，每自愧愚蠢（……）；他们探索哲理只是为想脱出愚蠢，显然，他们为求知而从事学术，并无任何实用的目的。"[1]

亚里士多德所说的"只是为想脱出愚蠢"正是一种相对于肉体有很大独立性的强烈的精神需要（然而，亚里士多德认为它的产生"都在人生的必需品以及使人快乐安适的种种事物几乎全都获得了以后"[2]），它促使人们去进

---

①②［古希腊］亚里士多德著：《形而上学》，吴寿彭译，商务印书馆1959年版，1996年印本，第5页。

行哲学思考和科学探索。亚里士多德说的是古代哲学和古代科学产生的原因，现代科学当然不可能不具有古代科学产生之初就具有的为满足纯粹的精神需要的本质。作为一种看法，我们可以认为现代科学是在哲学的母体内孕育的。哲学的产生是人们追求智慧的必然结果。哲学追求的智慧从它一开始被人的精神所触及便试图以其完满来包容一切知识。智慧和知识不是一回事。智慧有时可以被认为是知识的一种形式，并且这种形式是知识的最高级形式，或者说智慧位于知识领域的最高一层。智慧本身具有单纯性和高级性。哲学对"终极存在"或"第一的终极的事物"的探索是实现智慧纯净的过程，哲学依赖理性和用纯净的智慧向"第一的终极的事物"或"终极存在"靠拢。哲学在这种意义上长期被看作是包容所有的科学的。哲学即是所有科学，因为它是通过最高原因得到的最深刻和最纯粹的知识——智慧。智慧试图包容一切知识，哲学试图包容一切科学。哲学在科学之上，因为智慧在知识之上。

然而，以哲学理性追求最高的和最纯粹的精神需要并未建立在一条坚实的道路上。哲学的理性是跨越坚实的具体知识的台阶直接去踏最高的台阶，因此哲学在人的精神上总是给人留下圆满之中的缺憾。这种圆满中的缺憾产生了另一种纯粹的精神需要渐渐和哲学认为的最高的、最纯粹的精神需要上升到同一水平线。请注意，我们在这里说"和哲学认为的最高的最纯粹的精神需要上升到同一水平线"，而不是说"上升到和哲学认为的最高的、最纯粹的精神需要的同一水平线"，我们的目的是为了强调两者都处在上升过程之中，然而前者即圆满中的缺憾产生的精神需要显然具有更快的上升速度。无论如何，这两种精神需要在本质上都具有纯粹性。

哲学理性（它自认为是圆满的、完美的）的缺憾孕育了科学理性的萌芽。这两种理性实际上指向两个方向。哲学理性向整体性的圆满和完美靠拢，科学理性向细节性的圆满和完美靠拢，科学追求的是细节性的认识，是对具体知识的追求。哲学理性试图否定相对的统一的不确定性，科学理性试图否定相对的无限增长的单个的不确定性。单个的无限增长的不确定性的整体即是统一的不确定性，因而它们在本质上是一致的。因此，当科学向单个的无限增长的不确定性作几乎无限的探求过程中，必然会有本质上复归的倾向。科学从哲学脱离出来，以自己独立的姿态发展到某一阶段必然会出现另一种意义上、另一种层次的哲学。这将是一种科学向哲学的复归；这是一种希图填补圆满中的缺憾并在确实填补了其中的一部分之后的科学向哲学的复归；这也将是科学理性和哲学理性的和好，是建立在坚实的知识的基础上的更高智慧的实现，是智慧知识的和好。

科学向哲学的复归，科学理性和哲学理性的和好、智慧和知识的和好很可能使人类有幸处于一种接近自然界固有的均衡与和谐的良好的存在和发展状态；人类的精神需要和人类存在的物质实体——肉体的需要可能达成一种均衡与和谐状态；人类的"精神创造世界"和"第二泛创造世界"也可能处于稳定的、均衡的、和谐的状态之中。

我们知道，强烈的相对独立的精神需要可以相对于肉体需要形成很大的独立性。科学——纯粹的科学显然和强烈相对独立的精神需要有着密切的联系。由物质需要产生的技术对纯粹的科学起着明显的推动作用。纯粹的科学利用技术的发展为自己否定无限的不确定性这一目标服务。与此同时，纯粹的科学的成果也被技术所利用，促进了物质产品的创造。

现代科学遵循其自身持有的原则来否定各种不确定性、创造某种新的确定性。现代科学的两个主要原则一是客观化原则，一是相对化原则。客观化使科学创造不以创造主体——人自身存在的物质实体为衡量事物的标准，也不以此为肯定某种新的确定性的依据。人的触觉、视觉是人的肉体所给出的，它们不足以在探求新的确定性的过程中给科学的理性以足够的信心。人的皮肤对冷热的反应是不一样的，人由皮肤获得的冷热概念显然是不精确的。为了克服这种不精确性，一种探寻某种精确的衡量标准的精神需要产生了。这种精神需要刺激科学的理性借助于技术的成果，如温度计或其他仪器，来实现独立于人体的精确的衡量。科学的理性要求从时间和空间上去把握种种客观事物之间的联系。科学所探求的新的确定性因此是在纯几何结构上确立的。各种新的确定性以纯几何结构构成错综复杂的相互联系，从而构成整个科学。可以说，科学创造着自己的一个世界。科学的世界由于新的确定性的加入而不断扩展。科学的世界是相对于人自身存在的物质实体——肉体而独立存在的。因而，科学的世界才能满足强烈的相对独立的精神需要，这种精神需要也相对于人自身存在的物质实体——肉体存在的需要形成了很大的独立性。

科学的相对化原则是和科学的客观原则紧密相连的。科学的相对化是在客观化的纯几何结构中体现其意义的。上、下的概念由于科学的相对化原则的要求从其原有的绝对化的意义中脱身而出。观察者所处的位置是给出上下概念的前提。这就是相对化的要求。科学的相对化原则要求人们以另一种方法进行思考。人们一般生活在现实的世界中，而不是生活在科学的世界中。科学的世界和充满科学的现实世界是有区别的，科学的世界相对于现实世界的独立性是人们在日常生活的常态下往往意识不到的。人们只有在刻意进行思考、探索时才能进入纯粹的科学世界。科学的相对化原则和客观化原则一样是科学用来创造自己的世界的方法和依据。因此，人们对科学的追求在某种意义上说是试图超越自身存在的现实世界"飞跃"至另一个世界——科学的世界。科学的世界可以是客观存在的世界。虽然人们自身存在的现实世界也属于客观存在的世界，但人们的现实世界和完满的客观存在的世界有着巨大的差距。人们通过科学创造试图接近完满的客观存在的世界。以精神去反映存在，这似乎是一个可以超越自身存在的有限的现实世界的有效途径。

我们这里还要提一下科学上的实证主义。科学上的实证主义和哲学上的实证主义有密切的联系。实证主义认为只有直接的感觉印象才是实在的，否则就应被看作人类大脑的产物。科学上的实证主义在物理上表现得尤为突出。科学的实证主义认为，概念和见解，如果不能由经验来验证，就不能有其理论上的位置。我们可以看到，这种看法实际上是会限制科学的发展的。这种看法在某种程度上是对完满的客观存在的世界的否定。因为它试图以人的经验可验证的世界来代替完满的客观存在的世界。我们知道，科学首先是人们在精神上的创造，这种创造又是向客观存在的世界的靠近。科学的世界不可能完全和完满的客观存在的世界重合。科学世界中可能出现对客观存在的世界的错误的认识，客观存在的世界也并不因为科学无法达到变得不存在。不能被人的经验所验证的科学的确可能仅是大脑的产物，然而任何科学无疑都是大脑通过精神创造去揭示客观存在的世界的奥秘，在某种意义上说是相对于人类创造出客观存在的世界。那么，不能被人的经验所验证的科学也许是人的经验还不能验证它，而不是它于客观存在的世界中不存在。

科学的世界反映着客观存在的世界的一部分，但是科学的世界并不等同于客观存在的世界。也许我们应该这样说：科学的世界只是人类创造的世界，是否是客观的必然将由"客观"本身作验证。

　　科学创造、艺术创造、哲学创造等创造活动都是人类的精神创造，并且是我们所说的狭义的精神创造。人类早已认识到了这些创造的独特性，而正是这些独特的精神创造和物质创造相结合，才改变着人类历史的进程。人类的"精神创造世界"和"第二泛创造世界"的互动推动了人类创造的世界的扩展。这也许就是人类的光荣和伟大。

第五章 创造力·创造性思维

我们思考的翅膀有时会感到无比的沉重，这是思考把自己的重量加在了自己的翅膀上的缘故。然而，思考的翅膀所负载的重量往往激起了相应的更为巨大的应力。这种巨大的应力给思考以无比的热情和动力，促使思考继续向前飞翔。前方是什么？是最黑最黑的黑暗统辖的王国？是明亮炫目的光明治理的世界？抑或是"存在"起源的神秘的始点？前方是什么？思考本身思考着。然而，思考本身有时又忘了或是并不在乎前方是什么，而似乎只是怕自己的翅膀由于缺少活动而导致肌肉萎缩，因此不停地扇动它。思考本身也在自己翅膀扇动产生的动力的推动下向前不停地飞去。

我们的思考现在正在向前飞去。它由于什么向前飞去并不重要，重要的是我们的思考所思考着的东西。我们的思考在思考着，人类的创造力到底是怎么一回事呢？人类的创造性思维到底是怎样的呢？它是怎样产生的呢？

创造性思维的秘密

人类的创造显然离不开人类的创造力，而创造力则直接来源于人类的创造性思维。人类的创造性思维到底是怎样的和它到底是怎样产生的这样的问题似乎永远也难找到一个准确的答案，然而这并不妨碍我们对这些问题作出自己的思考。

人类的思维是依赖于人类的物质实体——肉体的存在而存在的。人类本身是客观世界的产物，依赖于客观世界的产物而存在的思维也必然离不开客观世界。人类思维的思维材料必然来源于客观世界。人类思维的规律必然和客观世界的规律有必然的联系。人类的创造性思维作为人类思维的一种，自然也不例外。

一个人所具有的思维在某种意义上都是具有创造性的。我们在前面已经对"泛创造"进行了思考，思维所具有的普遍的创造性特点是与"泛创造"相对应的。你还记得我们所说的"一切皆是创造"吗？你也许早已发现了这根藏在我们思考的宝库中的"草"的确是根放射炫目光华的"金草"，此后，你和我仍将看到它瑰奇的光华。

我们所说的创造性思维是对思维某些特征的强化，也可以说是对思维创造性的一种狭义的理解。狭义的创造性思维是和人类狭义的创造性活动相对应的。你也许愿意把狭义的创造活动视为真正的创造性活动，把狭义的创造性思维视为真正的创造性思维。

如果我们能发现人类思维和客观世界规律的一般性的联系，那么我们也或多或少能从这些规律中发现创造性思维的秘密。

让我们先来思考这样一种现象。当你的眼睛盯着闪耀的太阳看一会儿然后再闭上，你会看到太阳在你的视觉印象中留下的闪亮的光斑。这种光斑在一定时间之内渐渐变弱、直至完全消失。然而这光斑的影响真的不存在了吗？不，光斑的影响不是消失了，而是变为另一种潜在的形式存在，它已在你的印象中打下了永久的印记，不管你此后是否想到它、意识到它，它的确已永远地存在于你的印象深处。

现在，我们来做一个比喻（但愿你会同意这样的比喻）："存在"的开始——我们还是退一步——就说我们宇宙的开始吧。如果宇宙的开始就好比太阳的闪耀，宇宙中的物质就好比我们的眼睛，那么正如我们的眼睛是太阳的闪耀的记录器一样，宇宙中所有的物质都是宇宙开始时现象的记录器；光斑形成的印象能以某种形式永存于我们的印象中，宇宙的开始形成的"光斑"也将以某种形式永存于宇宙所有的物质中。宇宙的开始在所有的物质中形成最初的"光斑"。如果宇宙开始于大爆炸，那么大爆炸的景象将以"光斑"的形式存在于宇宙所有的物质中，大爆炸的物质的运动形式将包含于宇宙中任何一个物质的微粒之中并将影响着它们的运动。此后，宇宙种种现象都将于宇宙物质中留下各自的"光斑"。有机物产生于无机物，蛋白质产生于有机物，生命产生于蛋白质，人根本上也是物质构成的。宇宙中的物质的物态的改变体现了宇宙的发展、变化。然而无论物质怎么变化，它们都和最初的物质有着不可分割的"血缘关系"，宇宙发生、发展所产生的"光斑"将以类似"遗传因子"的形式在物质之间"遗传"。在长久的几乎使纪年失去意义的宇宙的发展运动中，种种"光斑"的"遗传因子"不断地积累、沉淀和潜在化，然而它们却并不是消失了。① 它们一经产生就不可磨灭。

人是由物质构成的。如果我们的比喻和推论成立的话，人的每一个细胞中都应有宇宙发生、发展的运动所产生的种种"光斑"。这些"光斑"是如此之多，然而又积淀得如此之深，它们彼此融合在一起，以独特的形式永远存在着。这些"光斑"包含了宇宙运动的形式、规律。这些"光斑"所包含的宇宙运动的形式、规律对物质而言影响了物质的运动形式和规律，那么对人类的思维而言，是否可以认为影响了人类思维的形式和规律呢？也许，种种"光斑"的融合体就是人类思维本身，而"光斑"的融合体所包含的宇宙的运动的形式、规律就是人类思维的运动形式和规律。

你是否同意这种看法呢？也许这并不重要，重要的是我们能否从这样的思考中得到某种启迪。

如果以上的联系存在的话——这并不是神秘的联系，而是物质的、客观的联系，尽管似乎有点异想天开——那么我们也许就可以通过分析宇宙和物质的运动及其中所体现的形式和规律来揭开我们的思维起源的秘密，也自然能或多或少地揭开创造性思维的秘密。

如果大爆炸理论是正确的——宇宙膨胀理论、宇宙背景热辐射的存在、炽热高密度宇宙起源理论等使我们有理由相信大爆炸理论的基本正确性——那么我们就可能通过对爆炸之后出现的宇宙现象的分析看到宇宙运动的一些最基本的形式和规律。

根据大爆炸理论，时间、空间、物质肇始于一次爆炸性事件，我们的宇宙由此诞生。在大爆炸这一"零点"上，时间、空间、物质和能量都处于被压缩到不复存在的状态：物质并非是被压缩到无限大的密度，物质在"零点"是不存在的；时间是被无限弯曲的，时间的实际概念并不能推至大爆炸之前；

---

① 我于 1998 年在本书第一版中提出这一观点，十四年后（即 2012 年）《自然》杂志（2012 年 11 月 16 日）发表的一篇研究论文证明宇宙中星系互连关系和老鼠的脑神经元互连的结构几乎一样。在一定程度上印证了我的观点（尽管那篇论文研究的是老鼠的脑神经元）。

能量、空间也不能推至大爆炸之前。一切都起源于大爆炸。要承认这一点我们必须先得承认大爆炸之前并不存在使大爆炸得以发生的空虚的东西，这个问题上的不可解性意味着"存在"的始点的缺失。

那么让我们把大爆炸当作只是宇宙的起点来思考吧。大爆炸这一事件——宇宙的最初事件的运动形式决定了宇宙运动的一种基本形式和规律，即发散的形式。这一发散的形式又包含着分离的形式。"发散"这一词语更注重对整体运动形式的描述，而"分离"这一词语则倾向于对个体间运动形式的描述。我们可以认为是发散和分离的运动创造了新的确定性。新的确定性包括时间、空间、物质和能量的存在的新的确定性，或者我们可以说，发散和分离的运动否定了时间、空间、物质和能量的存在的不确定性。发散和分离的运动创造了某些新的东西，因此我们可以认为，发散和分离的运动形式是可以进行创造的、有创造力的形式。

在大爆炸发生的瞬间，大爆炸同时也产生了一种存在形式。这种存在形式是一种混沌的形式。在宇宙演化的 0—10^{-36} 秒期间，宇宙充满夸克粒子；10^{-6} 秒前，强子生成；10^{-2} 秒前，轻子产生。在这个阶段，中子衰变成质子放出电子和中微子，电子和正电子相遇而湮灭为两个光子，光子辐射占优势。宇宙演化之初，是一些最最基本粒子的混沌状态。根据今天所测的宇宙热辐射的温度进行推算，宇宙诞生后约 1 秒钟时宇宙各处的温度约为 100 亿度。在这种在人的经验范围内几乎无法想象的高温下，宇宙物质只能以最基本的成分存在，此时的宇宙仍是一团基本粒子的混沌。在这些基本粒子中有质子、中子和电子等，原子、分子此时是不可能存在的。这种最初的混沌作为一种存在形式是与发散和分离的运动形式并存的。我们因此也可以把混沌看作是一种运动形式。混沌的形式没有造成物质的突变，然而物质的突变的形式却已存在于混沌的形式之中。物质的突变是与创造的"关节点"相联系的，物质的突变是创造"关节点"的一种。混沌的形式是孕育着创造"关节点"的形式。混沌使各种物质的组合都有可能发生。当基本粒子以某种特定的形式发生组合时，新的物质便出现了，新的确定性就被创造出来了。从"泛创造"意义上说，混沌状态本身即是创造的过程。然而，如若我们引入狭义的创造活动的概念来认识创造活动，那么我们必然把混沌的创造过程和创造"关节点"相区别。创造的"关节点"是我们对某种形式的创造活动所包含的"创造"含义的强化，是狭义的创造活动。因此，我们可以说混沌是孕育狭义创造活动的运动形式。

宇宙处于基本粒子的混沌状态持续了一段时间后，随着宇宙温度的下降，核反应开始出现了。混沌的基本粒子中，质子和中子很容易发生聚合；之后，氦原子核便形成了。氦原子核的形成过程中其实也包含着中子群体和一部分质子的分离。所有的中子在氦核形成过程中被用完——中子群体和剩余的质子是一个分离的过程。剩余的质子——没有聚合的质子形成了氢原子核。在这些过程中，我们又看到了宇宙的新的运动形式和规律，即聚合的形式（其实，在此之前电子和正电子相遇的运动形式已包含了聚合形式的雏形，但却没有形成典型的真正的聚合形式）。这一聚合形式又包含着分离的形式。"聚合"在此处更倾向于对个体间运动形式的描述，而"分离"在此处则更注重对整体运动形式的描述。这正好和我们前面所说的"发散"和"分离"相对应。"发散"更倾向于针对整体运动形式，"聚合"更倾向于个体间的运动形式，而"分离"则在不同的情况下可分别倾向于针对整体运动形式或个体运动形式。或者我们换种说法，"发散"是一个作为整体的个体形成两个或两个以上独立的个体，而"聚合"则是两个或两个以上的独立的个体形成一个作为整体存在的个体；"发散"中的"分离"体现在独立个体间的分离，"聚合"中的"分离"体现在形成的作为整体存在的个体与其他未参加聚合的那部分物质的分离。很显然，在宇宙此后的运动过程中，发散、聚合、分离的运动形式是混合存在的。氦原子核和氢原子核形成的数百万年之后，原子在宇宙冷却到足够低的温度时形成了；之后，简单的分子又形成了；数十亿年后，恒星和星系出现了；稳定的行星环境也在此后成为现实。在这些物质的形成过程中，混沌状态伴随其间，发散、聚合、分离、混沌的运动都显示了自己创造的威力，新的确定性不断被创造出来。然而同时，新的确定性中所包含的不确定性也无限地"繁殖"了。

发散、分离、聚合、混沌等体现了宇宙的基本的运动形式和规律，它们都是具有创造力的形式。宇宙中的物质是这些运动形式发生作用的结果。如果宇宙运动能像太阳在我们的眼睛中形成"光斑"，那么宇宙物质也必然记录了它的运动形式的"光斑"，宇宙的物质应该包含着宇宙运动形式的印迹。如果宇宙物质确实包含着宇宙运动形式的印迹，那么人作为宇宙物质的一种存在状态，也应带上宇宙运动形式的印迹；那么作为依赖于物质实体而存在的人的思维也必然带有宇宙运动形式的印迹。宇宙运动形式的创造性特征使人的思维应具有相似的创造性特征。具有创造性特征的人类思维就是人类的创造性思维，而创造性思维的创造性特征也许正是宇宙的运动形式——发散、分离、聚合、混沌的印迹。

为了更直观地理解宇宙各种基本的运动形式——发散、聚合、分离、混沌，我们在此用抽象的简单图示来表示它们（见图 5 - 1）：

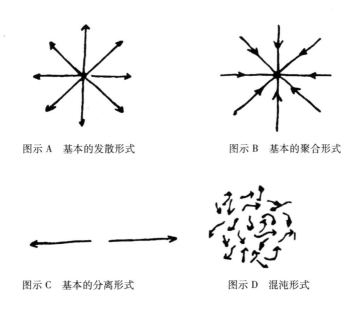

图示 A 基本的发散形式   图示 B 基本的聚合形式

图示 C 基本的分离形式   图示 D 混沌形式

图 5 - 1 基本的运动形式

我们需要对这几个图示作一些简单的说明。

首先，这几个图示都是对实际的宇宙运动形式的一种抽象的简化。实际的宇宙运动形式绝不可能如此简单。然而，这种抽象的简化对于我们思考问题、认识问题是必要的。

发散的形式和聚合的形式会出现一些变体，我们用图示来表示它们的基本变体（见图 5 - 2）：

混沌的形式如从根本上说是无法用抽象的图示再现的，它也不存在基本或非基本的形式。混沌包含着无限的不确定性。我们所用的图示只能是一种

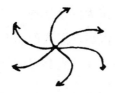 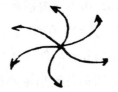

图示A 发散的变体

图示B 聚合的变体

图5-2 发散与聚合的变体

拙劣的抽象化和简单化。

其次，我们要了解图示所表示的各种宇宙运动形式之间的关系。

发散形式和聚合形式是互逆的两种形式。在宇宙的发展过程中，这两种互逆的形式也存在于动态的发展过程中。在大爆炸之初出现的是发散的形式，此时聚合形式是不存在的。与原初的发散形式完全相逆的聚合形式是潜在存在的，然而真正的和原初的发散形式相对应的聚合形式只能是一种终极的聚合形式。如果宇宙终有一天开始收缩，终极的聚合形式才真正开始出现。"原初"只能和"终极"形成真正的互逆和对应。

非终极的聚合形式只能包含在原初的发散形式之中，因此，非终极的聚合形式只能在原初的发散形式的基础上才能创造新的确定性。非终极的聚合形式因为在根本上超越不了原初发散形式的域界，因此，非终极的聚合形式必然在原初发散形式内部制造了分离的形式。这种分离的形式和原初发散形式及此后的非原初发散形式中所包含的分离形式是不同的。和非终极的聚合形式相联系的分离形式是由非终极的聚合形式的选择性所引发的，然而，在形式上其实是分离形式中包含着非终极的聚合形式。发散形式所包含的分离形式则是以一定的组合规律构成发散形式的形式因子，这种分离形式真正被发散形式所包含。基本的分离形式的图示是一种简单化的处理，然而我们有必要认识它所包含的不同涵义及其意义的。发散的形式所包含的分离形式和发散的运动方向是一致的，即创造个体的确定性，而包含着非终极聚合形式的分离形式则创造了一定意义上的整体的确定性。

混沌的形式几乎是和原初的发散形式同时出现的。混沌形式包含着潜在的不同层次和不同范围内的发散、聚合和分离等运动形式，而混沌形式又存在于原初的发散形式之中。因此，我们可以认为宇宙的发散形式和混沌形式是创造一切的必不可少的基础形式。

如果我们试图说人类创造性思维就是宇宙运动形式——具有创造力的运动形式的印迹的运动，那么在此之前，我们必须在宇宙的一般物质中找到宇宙运动形式的印迹，这样子我们才能把最初的宇宙的运动形式和人类的创造性思维通过物质发展的过程较有信心地联系在一起。

有不可磨灭的"光斑"吗

宇宙的一般物质中是否留下了宇宙运动形式——具有创造力的运动形式的印迹呢？我们是否能在宇宙的一般物质中找到发散、聚合、分离和混沌等基本形式呢？发散、聚合、分离和混沌这些伟大的宇宙运动形式是否留下了某种永存的不可磨灭的"光斑"了呢？让我们用自己的眼睛，用自己的思考从我们的世界中寻找这些可能存在的伟大的"光斑"的印迹吧！

从无生命物质中寻找宇宙运动形式的"光斑"可能留下的印迹是一件相对容易的事，因为宇宙中所有自然形成的无生命物质比起生命物质来和宇宙原初的运动在年代上更近一些，并且自然形成的无生命物质在人类看来似乎更容易客观地记录宇宙运动形式的"光斑"。我们银河系的螺旋形的存在形式是发散形式的一种变体，同样，这种发散形式中包含着潜在的聚合形式。它们所构成的是非原初发散形式和非终极聚合形式之间的和谐的对应。在银河系的和谐中存在着各种宇宙的基本运动形式。太阳系和银河系其他部分的关系是一种分离形式。分离形式使太阳系能以自己的系统存在，同时，太阳系本身又包含着潜在的发散形式和聚合形式。这两种形式之间的平衡使太阳系得以存在。太阳本身的光和热是以发散形式存在的。人类对太阳的光和热的发散形式是最为熟悉的了。也许是因为太阳的光和热使人类得以存在，所以人类对于太阳光和热的发散形式具有一种天生的感应力和理解力。儿童画太阳，不管画的太阳是什么颜色和什么形状，他们十有八九爱用发散的线条来表示太阳光。太阳的伟大是因为它的光和热的发散形式使它具有了巨大的创造力。这种发散形式所包含的伟大创造力和太阳本身一样值得我们用伟大的诗篇来赞颂。

宇宙具有创造力的运动形式的"光斑"不仅能在巨大的恒星和星系中找到，同样也可以在分子、原子中找到。原子核的裂变和聚变分别体现了分离形式和聚合形式的力量。核裂变、核聚变产生的能又体现了发散形式的巨大威力。我们还可以在磁场中找到发散形式和聚合形式，和磁场南北两极相连通的磁力线同时包含着发散形式和聚合形式。不论是恒星、星系、太阳或是分子、原子，它们所包含和体现的运动形式与其说是宇宙运动形式的"光斑"，还不如说是宇宙运动形式本身。因为尽管宇宙从原初状态发展到今天的状态经历了大约 150 亿年的悠悠时光，然而变化的只是物质的形态，而宇宙运动形式可以说是永远年轻的，因为它们是具有创造力的运动形式，甚至可以说它们本身便是创造力。宇宙运动形式的创造力是永恒的。

让我们再用眼睛看看离我们近一点的常见的事物，看我们能否从这些事物中也找到一些宇宙运动形式的"光斑"的印迹。

云是我们最常见的一种事物了。随着年龄的增大，人对云的观察往往是愈来愈少的。成年人对云的兴趣的减少，可以说是成年人的天生的创造力萎缩的表征之一。只要我们对云稍加留意并进行必要的思考，我们就会发现云具有如何大的创造力。每一时刻，云都会表现出不同的形态。有时，相近的两个时刻云的形态差别很小，然而它们毕竟是不同的，它们包含着不同的确定性，两个时刻的云分别创造出两种不同的存在。云所创造的一个形一旦确定便立刻消失，它永不再重复，它的美一瞬即逝，即使在和前一时刻最相近的时刻，云本身也不能再创造出与前一时刻完全相同的形。云的创造力可以说是无限的，这种无限性是因为云包含着混沌的运动形式和存在状态。混沌的形式包含了无限的创造力。混沌中的因子有着无限的组合方式，任何一个因子的运动都可能引起无法预料的组合，从而创造出无法预料的新的确定性。我们是否可以认为，云的混沌形式是宇宙原初混沌形式的"光斑"留下的印迹呢？你是否乐意这样认为呢？我是相信它们之间是存在着某种联系的，虽然这种联系是如此的久远，看起来又显得如此的牵强。想一想，曾几何时，我们曾目不转睛地痴痴望着天上的云，看它一会儿像盛开的花，一会儿像飞奔的马，一会儿像愤怒的狮子，一会儿又像人的笑脸。它永远不停地变幻着、创造着；它用它的无限创造力赠给天真好奇的孩子无边的遐想，为可爱的少女编织美丽的梦，给忧伤的人儿画出希望的路。只要人愿意留意它、理解它，它的创造力将给人无穷的馈赠。然而可惜的是许多人往往有意或无意地拒绝它的馈赠。拒绝创造力的馈赠的人是自己扼杀着自己的创造力。

云只不过是自然界中的一种事物，它所包含的创造力已是无限，那么整个自然界的创造力将会是云的创造力的多少倍呢？如果人懂得去观察自然、体验自然，那么他必然可从自然那儿得到相应的创造力的馈赠。自然对理解她的人是毫不吝啬的，她总是乐意给他们带去快乐和启示。人类中富有创造力的杰出人物有一个共同的特征就是热爱自然、关心自然。梵·高是热爱自然、关心自然的。他爱看星空、看太阳。他从充满生命热情的阳光中汲取生命的力量、创造的力量；他从神秘的星空中寻找创造的神秘之美。看一看梵·高的《星月夜》（见图5-3），你就会发现梵·高对神秘的创造形式的描绘，他用他的独特的色彩和线条来表现他从星月夜中得到的启示。你甚至可以清楚地看到《星月夜》中发散、聚合、混沌、分离等运动形式。看一看梵·高的《播种者》（见图5-4），你会看到梵·高是如此满怀热情地再现了太阳光的发散形式。伟大的音乐家贝多芬对大自然的热爱是他具有伟大创造力的重要原因。贝多芬喜欢森林、喜欢旷野、喜欢星空。他从森林、旷野、星空中捕捉创作的灵感，让自己的乐思受着大自然的牵引。《田园交响曲》是贝多芬从自然中汲取灵感的较直接的体现，然而，贝多芬受自然的启迪又怎会仅限于此呢？贝多芬——一位伟大的自然之子——对大自然的热爱是深沉而真切的。他的作品中饱含了自然的伟大的运动形式。他把自然的力量和人的情感的力量融合在一起，他的作品因此充满着澎湃的运动的力量和生生不息的生命的力量——它们是伟大的永恒的创造形式的音乐化的再现。科学和

图5－3　梵·高《星月夜》

图5－4　梵·高《播种者》

艺术在最高境界上是相通的，许多科学巨人和艺术巨人一样从自然界中汲取创造的力量，寻找创造的秘密。与艺术家相比，科学家对自然的热爱往往体现在更理性、更客观的工作中。爱因斯坦对自然界的神秘与和谐始终抱有无比的崇敬和热爱。可以说，他的一生都是在探寻着自然界的神秘与和谐。他的著名方程式 $E = mc^2$，他的相对论难道不正是对宇宙的具有创造力的形式的探索吗？哲学家对自然界的热爱更是毋庸多说。哲学家和科学家、艺术家一样喜欢凝望星空，喜欢欣赏那幻变的云。

幻变的云似乎把我们的思考带得有点远离我们寻找宇宙运动形式的"光斑"的道路了。现在让我们还是来继续寻找可能存在于我们周围事物中的那些伟大的"光斑"吧！

雪花也是大家所熟悉的事物。雪花的形状可以说是宇宙的发散形式的又一表现。雪花的发散形式是由六条臂组成的简单、规则的发散形式，然而这种简单的发散形式却创造出无数和谐完美、独一无二的确定性。雪花的发散形式又是由无数局部的聚合形式组成的。为什么构成雪花的物质微粒能形成具有神秘性的完美的发散形式而不是别的形式呢？这当然是由物质微粒所具有的某种特性决定的。然而这并不是可以回答问题的根源性的答案，因为上面的回答还可引出另一问题，即为什么构成雪花的物质微粒会具有那种特性呢？这样，我们的问题就陷入一个不可知的死循环。从死循环中脱身而出的途径之一就是承认宇宙的原初运动形式和此后其发展过程中的所有运动形式在物质微粒内部留下各自的"光斑"。各种各样的"光斑"随着时间的流逝、物质微粒本身的变化，它们的印迹的鲜明程度变得各不相同。当某一运动形式的"光斑"的印迹比其他的"光斑"的印迹更为鲜明时，物质微粒的运动也自然会体现出与"光斑"的印迹相似的特征。雪花的发散形式和宇宙原初的发散形式具有形式上的相似性。如果你乐意接受上面的看法的话，那么你就可以认为这是因为宇宙的原初的运动形式经过了 150 亿年的"遗传"至今仍在飘飞的雪花中再现自己运动的特征，再现自己伟大完美的创造力。

我们已经从无生命物质中看到了宇宙运动形式的"光斑"留下的印迹——如果你承认那些是宇宙运动形式的"光斑"留下的印迹的话，那么在生命物质中我们能否如愿以偿地找到宇宙运动形式留下的"光斑"的印迹呢？

不知你是否想过，为什么一棵树的根通常向下生长，而它的枝干却向上生长呢？树的根向地下生长是为了从土壤中获得养料、水分，那么树干树枝如果和根一样向下生长也应该可以获得养料水分。然而，树的枝干却偏偏不屈服于重力的胁迫和土壤中养料、水分的诱惑而向上生长。当然，树的生长是有其生物学上的原因的，树怎样生长也是由其生物学原因决定的，我们下面的思考只是想从生命的形式中寻找其自身的特点，或者说，我们只是想换一个角度来思考树的生长。树的生长形式体现了生命的形式。树的生命的形式在种子中便存在了，种子所孕育的树的生命形式是发散的形式和分离的形式。种子有一种向四周膨胀和发散的力量，这种力量使种子生出根、发出芽。如果根没有发散形式所包含的生命的力量，那么它就不会生长；而且，甚至即使是不长根须，以单一的根向地心生长的树根，我们也不能认为它只是屈服于重力，因为它毕竟是在生长，它的单调的生长形式也是发散形式、分离形式所包含的生命力的体现。根的发散形式和具体发散程度无疑是受土壤和其他生存环境影响的。根的具体的发散形式是为了更好地获得养料和水分从而促进自己的生长、扩展自己的生命的形式。种子所包含的发散形式和分离形式注定了它的根、它的芽要尽量地去占有空间。发散形式和分离形式都是对空间进行占有的形式。在对空间的占有中，生命的力量得以体现，创造出的新的确定性得以存在。宇宙的生命正是通过原初发散形式从创造空间或者说对空间进行占有开始的。当某一时刻宇宙不能再以生命的形式——发散形式去占有空间，那么宇宙的生命就开始衰退了。树的生长和宇宙的成长在某种程度上是相似的。树的枝干和根都尽可能把自己的生命的"触角"探向未知的空间。通过对未知空间的占有——这种占有通过树自身的物质实体的存在而实现——来形成新的确定性。发散形式所包含的生命的力量正是通过发散形式本身来展现的。沙漠中的仙人掌的生命力受到环境的残酷压迫，然而包含着生命力量的发散形式却在最重的压迫下以尖刺的形式向残酷的环境发出挑战的信号。仙人掌的刺是发散形式所包含的创造力的伟大创造。这种创造物体现了自身的一种完美。如果我们能看到仙人掌的刺中所包含的生命力和发散形式，那么我们一定能被这种伟大创造形式中所蕴含的坚韧的生命力所震撼，正像我们会被树的伟大生命力所感动一样。

　　树叶的叶脉也会有各种各样的发散形式。发散形式使树叶具有了生命的张力。发散形式是生命发展的一种规律，生命在这种神奇规律的作用下把自己的肢体伸向原本不属于自己的空间，生命借此来不断肯定自己的存在。

我们也不难发现树的枝杈和树叶的叶脉的发散形式同时也包含了混沌形式。混沌形式似乎是自然物或多或少都普遍具有的形式。我们只要一瞥树的枝杈，我们就能感到混沌形式的存在。树的枝杈生长的错综复杂程度是我们无法想象的。我们永远不可能弄清楚为什么树的这根枝条要在这一处这样生长，而那一根枝条要在那一处那样生长。生命的复杂性对人类而言将永远是个谜。枝杈、叶脉的生长所包含的混沌形式和其他自然物的生长运动所包含的混沌形式使自然万物普遍含有混沌的本质。原初的混沌形式把自己的"光斑"留在了自然万物之中。

发散、聚合、分离、混沌这几种基本形式的混合存在有时表现在有序和无序的奇妙结合中。图5-5是一种常见的叶脉的有序形式。这种有序形式首先是一种发散形式。支脉以主脉为轴线向左右两边发散。向主脉两边发散的支脉呈有序的排列状。同侧支脉彼此平行（或接近平行）；左右两边支脉并不是从一个点发散出来，因而呈不明显的交错排列状（见图5-6），这种叶脉的奇妙的有序显示了自然神秘的和谐与均衡。自然的这种创造力足以令人类感到惊叹。叶脉的有序之中往往会有无序的变异。同样是上面那常见的树的

图5-5　一种常见的叶脉的有序形式　　图5-6　不是从一点发散出来的叶脉

树叶，如果你平时留意观察，你会经常看到叶脉有序中的无序。你应该对图5-7所画的叶脉形式感到熟悉。平行排列的支脉中会有一条支脉突然出现分杈。为什么这条支脉会出现分杈呢？为什么分杈会发生在支脉的这一点呢？这两个问题就像"为什么宇宙可能产生子宇宙"和"子宇宙为什么会在宇宙

的这一处或那一处产生"两个问题一样令人难以
找到根源性的答案。如果根源性的答案存在的
话，那么这种根源性的答案就是混沌形式的存
在。叶脉有序中的无序打破了有序的规则，创造
了新的确定性。新的确定性是由混沌形式的存在
而得以被创造出来的。宇宙的混沌使新的物质的
创造成为可能，植物生命的混沌使新的叶脉形式
成为可能。我们还可以看到叶脉的无序的出现又
一次表现了发散形式。无序和有序保持内在的统
一性。这是一种生命形式的统一性。

图 5-7　分杈的支脉
——有序中的无序

　　宇宙创造了自身是一个伟大的奇迹。宇宙的生命从一开始便是一个奇妙
的综合体。宇宙中的自然物无疑是宇宙的一部分，因此它们生命的奇妙就是
宇宙生命的奇妙。在自然万物生命的流转中，宇宙的各种运动形式所创造的
奇迹不断地积淀，就如它们本身在自然物质中留下"光斑"一样。自然万物
生命形式的奇迹即作为宇宙运动形式的印迹而存在。当我们看到那些叶脉以
精巧的形式排列在一起、交织在一起时，我们不仅看到了叶子生命形式的奇
妙，我们也看到了宇宙运动形式的奇妙。自然万物的生命形式和宇宙运动形
式在本质上是一体的。因为宇宙也有自己的生命。而自然万物的生命的综合
体正是宇宙的生命。一片叶子从枯黄、到萎缩、到凋落，叶子的生命随色彩
的消退而逝去，随着形体的消散而泯灭，然而，叶子个体的生命的消逝正是
宇宙生命的发展。叶子生命的消逝不是悲哀的死亡，而是热情的赴死。生命
的形式和宇宙运动形式一样是永恒的。

　　宇宙运动形式的"光斑"在自然物质中是普遍存在的。人类有时会因莫
名其妙的自大而使自己的眼睛失去识辨的光华。最可怕的障眼术不是空气中
日益增多的尘粒所玩的小把戏，而是人类的迷失的心灵的杰作。空气中日益
增多的尘粒也只不过是最可怕的障眼术的飘着现代化"香味"的副产品。如
果人类能够用自己的眼睛多看看自然，用自己的心多体验一下自然，人类的
眼睛应该是可以重现光华的，人类的心灵是应该可以消除迷雾的。但愿我们
现在的思考可以有助于我们恢复眼睛的光华，消除笼罩着心灵的迷雾。

　　现在让我们把眼光投向一种北方春夏之交常见的黄色的小野花，我们将

再次看到宇宙运动形式在这种小生命中的奇妙再现。我们可以看到它的花形是典型的发散形式（见图 5-8）。它的花瓣以一点为中心向外呈放射状发散（很多花都是如此），并且显示出精巧的规则。它的发散形式因而具有强烈的装饰性特征，就像一位追求规则美的装饰艺术家的作品。更有趣的不是它的花，而是它的叶子和茎的生长形式。它的茎是叶子生长的轴心，每一片叶子的叶脉以

图 5-8 小野花具有
发散形式的花形

茎为中心向外发散，因而看上去它的茎似乎是从叶子中心生长出来、并把所有的叶子串成一串。它的所有的叶子不仅以茎为轴心生长，而且以茎为轴呈现出有规律的螺旋式生长的形式（见图 5-9）。螺旋式是发散形式的一种变形，也是聚合形式的一种变形。发散形式和聚合形式有潜在对应关系。原初的发散形式只能和终极的聚合形式才能形成真正的互逆和对应。原初的发散

图 5-9 小野花以茎为轴螺旋式生长的叶子

创意思维：关于创造的思考

形式是通过一个转折点实现向终极聚合形式转变的。原初的发散形式与终极
的聚合形式不可能同时存在。与原初发散形式相同的标准的发散形式和与终
极聚合形式相同的标准的聚合形式也是不可能同时存在的，它们只能通过一
个转折点实现转变。然而，螺旋形式作为发散形式的一种变形，却可以使自
身在运动过程中体现聚合形式，因此，螺旋式也可以看作是聚合形式的一种
变形。发散的螺旋式和聚合的螺旋式是同时并存的——花的叶子的螺旋式生
长显示了可见的鲜明的发散螺旋式（见图 5 – 10），但是如果我们把每片叶子
的发散线用虚线连接起来，我们就可以看到潜在的聚合螺旋式：一条潜在的
螺旋线以茎为轴从底部盘旋上升，直至聚合到一个点（见图 5 – 11）。这一形
式就像一个倒置的龙卷风的运动形式。龙卷风的旋转曲臂是一种变形的发散
形式，然而它们在运动中同时也体现了威力巨大的聚合形式。河流中的漩涡
也体现了发散螺旋式和聚合螺旋式的并存。我们的银河系在某种意义上说也
是发散螺旋的运动形式和聚合螺旋的运动形式共同作用的结果。一株小小的
野花如此奇妙地体现着种种宇宙运动形式，这难道还不足以让我们感到惊诧
并相信宇宙运动形式能在自然万物中留下自己伟大的"光斑"的印迹吗？

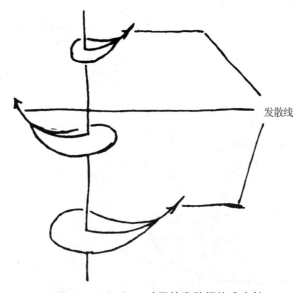

图 5 – 10（A）　　叶子的发散螺旋式生长

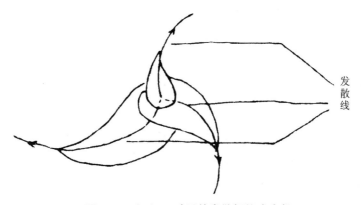

图 5 – 10（B）　叶子的发散螺旋式生长

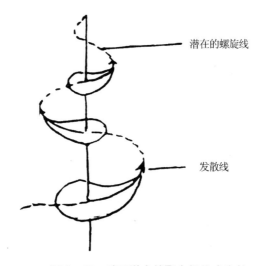

图 5 – 11　叶子潜在的聚合螺旋式生长

　　我们可以在许多自然物之中找到一些宇宙基本运动形式的"光斑"的印迹。不计其数的海底微生物、放射虫、海星等都以自身的形态再现了奇妙的宇宙基本运动形式。雏菊、丁香、水仙等花木也非常鲜明地展现了宇宙运动形式之美。自然万物如此普遍地再现了宇宙运动形式是不是奇迹的奇迹？人类，作为一种高级自然物，是否也得了造物之赐、在自己的物质实体之中具有了宇宙运动形式的伟大"光斑"的印迹呢？

　　宇宙，这一伟大的创造主体，似乎为了证明每一个自然物都是它的杰作而兢兢业业、无一例外地给它们都打上了自己运动形式的烙印。人类自然也不例外。人以聚合形式开始自己生命的旅程。聚合形式创造了人。创造人的聚合形式是和宇宙混沌状态中出现的聚合形式相似的，它以一种分离形式作为自己的伴随形式。宇宙混沌中出现的聚合是中子和质子的结合。伴随这一过程的是形成氦核的中子和剩余的质子相分离。在人的创造中，同卵细胞相结合的精子和其他精子相分离，聚合形式和分离形式是同时出现的，分离形式同时体现了创造的选择机能，受精卵形成后便以发散形式和分离形展现自己的生命力。婴儿的出生强烈地体现了个体与母体的分离形式。此后，生命个体继续以发散形式和分离形式来创造自身生命的新的确定性。人的成长过程就像树的生长过程一样，以发散形式作为自己生命的主要形式。人的四肢像树的枝杈一样向未知的空间伸展，对空间的占有通过物质实体——肉体来实现，这是一种直接的实现过程，是人的生命的创造力的直接体现。人体内部也存在着体现生命创造力的发散形式。人的支气管是以发散形式存在的；人的神经网络也体现了一种复杂的发散形式；人的大肠动脉、人的血管都是发散形式的再现。人体所包含的发散形式同时也是和混沌形式并存的。神经网络发散形式的复杂性是因为混沌形式也同样在起着作用。人的神经网络、人的动脉、静脉、人的血管的发散形式中也显而易见地包含了聚合形式。交织网状线的每一个交点都是聚合形式的体现。人体正是一个包含了发散形式、分离形式、聚合形式、混沌形式等多种形式的复杂的综合体。人的肉体以发散、分离、聚合、混沌等形式实现自己的生命的创造力。人体内在的各种运动形式是和人体外在的肉体的运动形式相协调、相统一的。人体内在的各种运动形式是服务于人体外在的肉体的发散形式的，因为肉体的发散形式直接体现了人的生命力和生命的创造力。发散形式是为创造而存在的。

人的肉体内包含了宇宙的各种基本运动形式，然而，人的肉体却不可能无限度地运用这些形式。人的肉体是物质实体的存在。人体的"质"决定着人体的"形"。人体外在的"形"和内在的"形"体现了人的肉体作为物质实体存在的运动形式。"形"像一根锁链，约束着运动形式。这根"锁链"有一定的自由度，然而却不是绝对自由的，它限制着人的肉体的自身的创造。人体的四肢不可能无限度地生长，手足长达几十尺的人绝对是怪物，然而，即使这种怪物存在——只要它以物质实体的形式存在，它的手足就不可能是无限长的。人的四肢的发散形式是有限度的。人的脑神经、人的静脉动脉的"形"虽然复杂得令人难以想像，但它们还是受到既存的自身"形"的限制，

"形"的束缚使它们所包含的各种运动形式受到不可避免的限制。

人的肉体是注定要死亡的。人的肉体的死亡也是人的肉体所包含的各种运动形式的死亡。当人的物质实体分解、消亡，归与尘、归与土之时，人的肉体的发散、聚合、分离、混沌等运动形式也随之归于尘、归于土。这些运动形式本身是永恒的，它们将在另外的物质运动中体现它们的创造之力。然而人的肉体的各种创造活动的确是在肉体的消亡中结束了。运动形式本身未"死"，然而，人的肉体的运动形式的确是"死"了。

如果宇宙能在自然万物——包括人的肉体中留下自己运动形式的奇妙"光斑"的印迹，那么它难道不能也给予人的精神、人的思维以同样的恩赐吗？也许它——宇宙所给予人的精神、人的思维的恩赐远胜于它所给予其他自然万物的恩赐，抑或人的精神、人的思维竟是它的"光斑"本身？

创造性思维与不确定性

精神是对肉体的超越；思维是对肉体——这一物质实体的存在的超越。人的肉体的创造力是有限的，其实现创造（包括对自身的创造）的运动形式是受自身的限制的。当人的肉体在创造新的确定性停滞不前时，思维便承担起人的肉体在其创造极限内无法实现的创造任务。从肉体的实体存在到思维的出现可以说是肉体为实现创造的发散形式的延续。思维是人的肉体的无形的四肢。这"无形的四肢"相对于有形的四肢而言几乎是完全自由的、不受限制的。它可以向无穷远处发散、伸展。它可以穿过田野的小径、跨过奔流的大江、盘旋在神奇浩渺的大海之上；它可以游嬉于群星旋转奔涌的流星群之中；它可以孤独地漫步于冷寂的虚空或穿过恒星炽热的躯体。它的创造力基于它的自由，然而它的自由却并不等同于它的创造力。

正如宇宙的原初发散形式之前是"存在"始点的缺失，思维的原初发散之前是"思维"始点的缺点——这也是思维中"我"之始点的缺失。思维和宇宙似乎具有某种内在的相似性。也许你也体验到了这种相似性的存在。宇宙的各种运动形式是存在的物质的运动形式，宇宙的创造力体现在物质运动之中。人的思维的各种运动形式是非物质的运动形式，人的思维的创造力体现在非物质的思维运动之中。这种非物质的思维运动离不开客观存在的物质。思维本身是物质的产物，思维不能离开人脑而存在；思维同时也反映存在，思维的内容少不了客观物质。人的思维似乎要以非物质的运动形式去和宇宙的各种物质运动形式相媲美。

宇宙以其自然的运动便可实现无限的"泛创造"。无限的新的确定性通过宇宙的"泛创造"得以肯定。虽然人的思维相对于人的肉体而言显示出其近乎无穷的创造力——在肉体存在的期限内，人的思维的潜在创造力的确是接近无限的——它却不能肯定自己是否无时无刻不在创造着新的确定性。人的思维的确是无时无刻在创造着新的确定性，然而由于这些新的确定性最初都未通过物质的存在来肯定，所以无法明显地证实自身的存在。因此，在通常状态下，人的思维的"泛创造"似乎是无意义的。人的思维要证明其在创造着新的确定性的途径是使其自身最终意识到创造了或正在创造着新的确定性。这就是人们为什么喜欢用"创造性思维"来指代思维的创造性的原因。其实，无论如何，思维本身就是具有创造性的。而所谓的"创造性思维"则不可避免地产生于"泛创造"的思维之中。因此，我们通常所说的"创造性思维"其实是一种狭义的理解。"创造性思维"创造的新的确定性就好比是宇宙创造中创造"关节点"的新的确定性。

"创造性思维"要创造思维中的"关节点"必须要经过强烈的、自觉的努力。不自觉的或无意的发现并不等于没有和不需要强烈的、自觉的努力。任何不自觉的或无意的创造都离不开强烈的、自觉的思维努力。只不过这种努力可能在很长一段时间内处于潜在状态。所谓的不自觉的或无意的创造在创造的那一刻无论如何是自觉的。鲁班被草划破了手指，从而发明了锯，看起来是无意的、不自觉的创造，然而更合理的解释也许是鲁班的创造性思维的强烈的自觉性被压缩在极短的时间内，短得让人忽视了它的存在。或者更确切地说，创造性思维的显在的强烈自觉性被压缩在电光火石间，而潜在的强烈自觉性却一直存在于无意识的表层之下。显在的强烈自觉性是意识的特性，潜在的强烈自觉性是潜意识的特性。你也许认为潜意识都不是自觉的，然而，当目标转入潜意识的范畴后，潜意识应该有可能由意识引发潜在的自觉性，它将围绕着意识的目标无声无息地默默运动。潜意识的自觉性应有可能在其不自觉性这一主要特性中产生。一般的理论认为，潜意识是主体意识不到的、没有自觉控制的心理活动。我们所说的潜意识的自觉性似乎与此发生了冲突。然而，如若按下面这个角度来分析这一问题，我们就会发现其实并不存在冲突：潜意识作为整体，相对于主体意识而言都是不自觉的，主体意识不到的。但在潜意识范畴之内，潜意识相对于自身而言，又可分为两部分。对其自身也是不自觉的那部分是主体，另一部分对其自身而言有一定的活动指向，也可以称为潜意识的自觉部分。潜意识的自觉部分和不自觉部分一样也是主体意识不到的。这样一来，我们所说的创造性思维可以说是由不自觉的潜意识、自觉的潜意识和自觉的意识协同作用的结果。

　　创造性思维可以创造出思维所努力追求的新的确定性。这种新的确定性的创造是思维之完美的实现过程。然而思维是不可能真正实现完美的。创造性思维企图通过创造新的确定性来实现思维之完美只是各种具有创造力的运动形式对其固有完美的追求。各种具有创造力的运动形式的固有完美存在于宇宙之中。宇宙固有的均衡与和谐就是各种具有创造力的运动形式的综合表现，这也就是宇宙的完美。宇宙的完美是动态的完美。完美是宇宙生生不息的运动本身。威力巨大的神奇的原初发散运动，夸克粒子、强子、轻子、中子等基本粒子的混沌运动，一度占优势的光子辐射，中子、质子的聚合运动，宇宙稀疏气体形成的庞大的原始星云的运动，星系团、星系的运动等等，宇宙万物以各种运动形式显示着完美的创造力，显示着创造力的完美。

　　创造性思维的活动在某种意义上可以说是对宇宙丰富多彩、千变万化的运动的模仿。创造性活动发展到高级阶段往往都奔向一个共同的目标，即追求一种完美的均衡与和谐。宇宙因其固有的均衡与和谐，极易与人的创造性活动建立某种神秘的联系。

　　追求均衡与和谐的艺术品往往具有所谓的"永恒的美"的成分。这种"永恒的美"不是人所赋予的"美"的观念。人们所谓的绝对的、永恒的美是不存在的。蕴含在艺术品中的某种确定性因为是创造性思维追求均衡与和谐的果实，因而与宇宙固有的均衡与和谐有某种必然的对应关系。如果"永恒的美"存在的话，那么它就是宇宙固有的均衡与和谐，也就是运动过程本身，也就是创造本身。

　　纯粹的科学也可以说是探求宇宙固有的均衡与和谐。科学的研究对象是整个客观世界，它探寻着宇宙万物的秘密，探寻着宇宙万物的运动规律。从

创意思维：关于创造的思考

微小的细胞到巨大的鲸鱼、从奇妙的"超弦"到神秘的"黑洞"，科学孜孜不倦地试图再现宇宙固有的均衡与和谐。这种工作离不开创造性的思维。科学中的创造性思维是通过在思维的世界中创造新的确定性来再现宇宙的均衡与和谐。爱因斯坦曾坦言说自己的工作是为了探索"自然界的神秘和谐"。普朗克也不止一次地表达过类似的思想。

哲学的创造似乎更是人类探求宇宙固有的均衡与和谐的表现。从泰勒斯到赫拉克里特、德谟克里特、康德、马克思、恩格斯，没有哪一位哲学家不对宇宙或者说自然界发生浓厚的兴趣。这种兴趣的产生是因为宇宙固有的均衡与和谐对人类具有先天的吸引力。因为人类的肉体和思维精神中都留有宇宙运动的伟大的神奇的"光斑"。

人类对于宇宙的固有的均衡与和谐产生某种潜在的应力。这种潜在的应力可能最终促使人通过各种创造（如人的肉体自身的创造、人的思维的创造等）去再现宇宙的均衡与和谐。因此，我们会发现在科学、哲学、艺术的最高领域会出现殊途同归的现象。科学家、哲学家、艺术家以他们各自独特的方式进行创造。他们创造出各自领域的不同的新的确定性；以期向宇宙固有的均衡与和谐靠近，或再现这种均衡与和谐。由于最终的目标的内在统一性，因此为实现这一最终目标的不同方式所运用的创造性思维也必然具有一些共同的特征和规律。同时，思维的世界也不可避免地留有宇宙运动的"光斑"，不同的思维世界所具有的宇宙运动的"光斑"应该有一些基本的共同特征，所不同的只是不同的思维世界运用这些"光斑"的能力是不同的。

"创造性思维"是任何人都具有的，然而却不是所有的人都懂得运用"创造性思维"。"创造性思维"被弃之不用或主体无能力运用，那么它只能处于潜在状态，它将不能在"泛创造"的思维中独树一帜地显示自己的存在，那么它也就不能被人称为"创造性思维"了。我们前面说过从肉体的实体存在到思维的出现可以说是肉体为实现创造的发散形式的延续。肉体的存在到思维的出现可以说是一个质变的发散过程。白痴由于肉体存在的缺陷导致这一质变发散过程的缺陷，因此白痴的"泛创造思维"是有缺陷的，然而只要思维存在，它就必然包含有宇宙运动的"光斑"，或者说白痴也同样有创造性思维。白痴的创造性思维有时处于潜在状态，有时却强烈的表现出来。由于白痴的"泛创造"的思维是有缺陷的，因此他的创造性思维一旦显示出来就极可能异常强烈，甚至在所有思维活动中占主导地位。平常人的"泛创造"思维占思维活动的主导地位。"创造性思维"常常被湮灭其中，因而往往被淡忘被弃用。只有努力去寻找"创造性思维"的人才能有机会运用"创造性思维"。所谓的天才是因为其发掘和运用"创造性思维"的能力高于常人。这种较强的能力一部分先天存在于肉体的存在之中，较好的遗传因子可以通过从肉体到思维的质变的发散形式传递到思维之中；另一部分则完全依赖于所谓的"天才"的后天努力。后天的努力使"创造性思维"不至于被湮灭，同时也提高了运用"创造性思维"的能力。由于先天的因素和后天的努力，"创造性思维"在"天才"的思维构成中占有较大的、甚至是绝对的优势。在思维的构成上，"天才"与"白痴"是有相似之处的，两者的"创造性思维"在思维构成中都占有较明显的比例，甚至占主导地位；所不同的是，天才的"泛创造"思维是健全的，而白痴的"泛创造"思维却是有缺陷的。"天才"和"白痴"的一线之差往往就在于"泛创造"思维的发展状况。

那么，到底什么是"创造性思维"呢？试图给它下一个精确的令众人信服的定义是不明智的。循着我们思考的轨迹，我们可以说所谓的"创造性思维"就是：能创造具有"关节点"性质的新的确定性的思维活动。前面，我们已经对此有一定的思考了。然而，仅仅给出这样一个定义显然对我们理解、开发、运用"创造性思维"的帮助不大。因此，更有意义的事也许是分析"创造性思维"的一般特点和规律。

创造性思维有规律吗

基于前面的思考，也许你已经认识到了我们在此想说的"创造性思维"的一般特点和规律是什么。正如我们可以相信玫瑰的芳香来自玫瑰，我们也有理由相信思维的创造性来自宇宙运动。这就是说，"创造性思维"的一般特点和规律应和宇宙运动的一般特点和规律有所联系。宇宙运动的一般特点和规律通过它的运动形式表现出来。这些基本的运动形式就是我们前面所说的发散、聚合、分离、混沌等形式。人的思维也应得到了宇宙所赐的珍贵礼物。因此，我们可以认为思维的一些基本形式应包括发散型思维、聚合型思维、

创意思维：关于创造的思考

分离型思维、混沌型思维等类型。宇宙的发散、聚合、分离、混沌运动是宇宙创造万物的方式；思维的发散、聚合、分离、混沌运动是思维创造新的确定性的方式。宇宙的发散、聚合、分离、混沌等运动的协同作用形成了宇宙的伟大创造力；思维的发散、聚合、分离、混沌运动形成了思维的神奇创造力。

发散型思维是创造性思维的一种类型，也可以说是创造性思维的一个组成部分。其他类型也一样。这就是说创造性思维可以是一种类型的思维，也可以是几种类型思维的综合。在这里需要指出的是，创造性思维的活动并不等于创造产品的实现。一种单一类型的创造性思维的活动也是有可能产生具有"关节点"性质的创造产品的，然而大多数具有"关节点"性质的创造产品都是各种类型的创造性思维协同发挥作用的成果（我们在此所说的"创造产品"最初当然是存在于头脑中的精神产品）。各种类型的创造性思维在创造性活动中承担不同的创造任务，或者说它们通常分别是创造性活动中的思维的不同阶段。

宇宙以原初发散开始自身的创造似乎决定了人的思维也通常以发散型思维作为创造性活动核心部分的开始。我们所说的创造性活动的核心部分是指创造性活动以创造"关节点"为中心的一段有限的关键的创造性活动。在进入创造性活动核心部分之前，创造主体可能有长期的准备阶段、孕育阶段。如进行科学创造时，科学家可能要在初期进行资料的收集工作。在对大量的资料进行分析整理之后，科学家才有可能进入孕育阶段。在这一阶段科学家对资料进一步整合处理，进行大量的思维加工，并试图进行创新。这一阶段的极致通常是思维饱和，工作停滞不前。在进入创造性活动核心部分之前的阶段，创造主体其实已运用了发散、聚合、分离、混沌等思维方法，然而，真正的创造的秘密在于创造性活动的核心部分，即思维饱和之后思维进入的新的活动阶段。思维中的"新宇宙"通常从思维饱和点之中诞生。思维中的"新宇宙"的诞生和宇宙的诞生有相似之处。发散形式是宇宙诞生的原初运动形式；发散型思维通常是突破思维饱和点的创造性思维。思维饱和点像一个有极度坚硬外壳的圆球，而外壳内部又是极度致密的压缩物。思维的发散以一股无比巨大的力使"壳"内的极度致密的压缩物冲破坚硬外"壳"向外发散。被压缩在"壳"内的物质就是"思维线"。"思维线"一旦冲破密封的外

"壳"便向思维空间伸展,每一条"思维线"像一支箭射向思维空间的远方。

发散型思维其实是进行着有效思维空间的拓展,因为在思维饱和点之外的思维空间在"思维线"未到达之前对于创造主体而言并无什么意义——创造主体根本意识不到这部分思维空间的存在。发散型思维使创造主体的思维进入一个未知的空间。在这片空间内还没有形成对"思维线"的约束力和压制力,这是一片思维的自由空间。发散的"思维线"通过对自由空间的占有显示自己创造的力量。

发散的"思维线"以思维饱和点为发散中心向周围散射,它们没有既定的目标——这是对既定目标的一种超越。由于发散形式对未知空间的巨大占有力,发散型思维其实已把创造的目标笼罩在自己的发散形式之中,无约束的发散型思维摆脱了习惯性思维的思维定势。习惯性思维是一种单线性思维。单独的一根"思维线"受心理定势的牵引和约束形成思维定势。单独的"思维线"向着一个方向孤单地前进。当然,单独的"思维线"也有一定的运动自由度,然而它却始终超越不了一个由心理定势、思维定势形成的有限的区域。它往往以为自己正在朝着创造目标前进,而实际上创造目标却远离它的运动轨迹(见图 5-12)。因此,单独的"思维线"尽管以无比的勇气前行,却往往不能达到创造目标。从思维饱和点出发的单独的"思维线"伸展到一定的阶段,由于毫无结果而有可能收缩回思维饱和点之内,从而增加了思维饱和点内部的致密度。思维饱和点内部的致密度越大,潜抑的向外的张力也

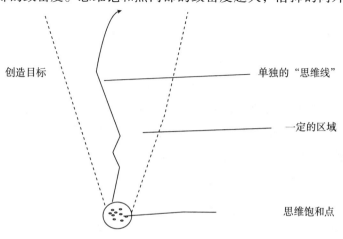

创造目标　　　　　　　　　　　　　　单独的"思维线"

　　　　　　　　　　　　　　　　　　一定的区域

　　　　　　　　　　　　　　　　　　思维饱和点

图 5-12　思维定势

越大，当思维饱和点的致密度达到临界点时，思维的发散便发生了。无数"思维线"冲破思维饱和点的坚壁向四方散射，习惯性思维的定势被彻底打破，思维发散形式所包含的巨大"爆炸力"实现了在思维世界中"大爆炸"的创举（见图5－13）。

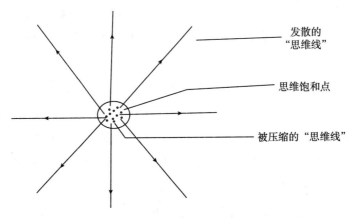

图5－13　思维的发散运动

在穿梭于思维空间的过程中，"思维线"会遇到许多"思维岛"。"思维岛"就像星云或流星在宇宙空间飘浮一样飘浮于思维空间之中。当"思维线"遇到"思维岛"时，就像光遇到物体改变方向一样改变伸展方向，这样，思维饱和点的原初发散形式就实际上成为一种思维的混沌形式。混沌型创造性思维在发散型创造性思维之中产生（见图5－14）。

思维的混沌中蕴含了大量的新的确定性。"思维线"在混沌型思维阶段每到达一个"思维岛"便创造一种对创造"关节点"的诞生具有潜在意义的新的确定性。这些新的确定性不一定都对创造"关节点"的形成有用，然而，新的确定性的不断累积却是形成创造"关节点"的基础。

混沌型思维的发展使分离型思维的发生成为可能。混沌型的思维所创造的无数的新的确定性依附着"思维岛"飘浮在思维空间中，某些新的确定性表现出某种内在联系。内在的联系使某些带着新的确定性的"思维岛"的运动出现一定的规律性。混沌中的"思维线"的一部分受这种有一定规律的运动的牵引也呈现出一定的规律性。这样，一部分以一定规律性运动的"思维线"和其他混沌运动的"思维线"相分离。"思维线"的分离运动又促进了"思维岛"分离的运动。一群"思维岛"的运动形成一个"思维引力场"。

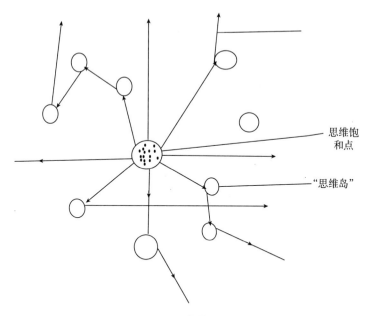

图 5 – 14 思维的混沌运动

"思维引力场"对分离出的"思维线"产生引力，从而导致这一部分"思维线"向"思维引力场"内收缩。这样，聚合思维又开始发生了。这一过程我们用简单的图示表示如下（见图 5 – 15）。

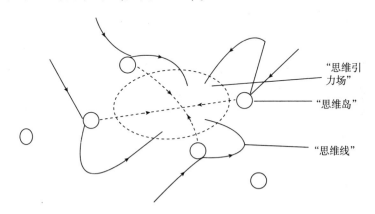

图 5 – 15 思维的分离和聚合运动

创造性活动核心部分的发散型思维、混沌型思维、分离型思维和聚合型思维都是与潜意识运动紧密相关的。这些思维活动在潜意识世界中不受或甚少受已有知识、经验的约束，不受或甚少受习惯性思维和心理定势的约束，是自发的非逻辑的思维活动。它们的有效活动建立在意识基础之上，因此在最后创造"关节点"出现的一刻，又回到意识世界中。我们前面提出，创造性思维是不自觉的潜意识、自觉的潜意识和自觉的意识协同作用的结果。自觉的潜意识其实是潜意识向意识的过渡阶段。思维的发散阶段、混沌阶段的活动是和不自觉的潜意识活动相联系的，而思维的分离运动却受到自觉的潜意识的影响，聚合思维也受自觉潜意识的影响。以上阶段的思维活动通常是非逻辑的思维活动。非逻辑的思维活动在创造性活动中具有不可估量的作用。它可以冲破逻辑思维的约束，打破旧的思维框架进行思维的创新。在接近创造"关节点"的思维过程中，聚合思维从自觉潜意识的世界过渡到自觉的意识世界。聚合思维的逻辑性加强，对正在聚合中的"思维岛"进行调整、重构，甚至再一次进行分离。这样子，有明显逻辑特性的分离思维就可能在聚合思维之中发生。经过多次的分离、聚合思维过程，"思维岛"不断地在选择、建构、再选择的活动中产生新的更高层次的确定性。这种更高层次的新的确定性是由参加聚合活动的"思维岛"所负载的各自的新的确定性聚合而成的，它依附于"思维岛"的聚合体而存在。"思维岛"的一次聚合过程就是一个创造"关节点"实现的过程。当创造"关节点"和创造目标相符时，或者说创造"关节点"达到创造目标时，一次创造性活动的核心部分才算完成。

如果一组"思维岛"的聚合体还不足以形成一个创造"关节点"，那么此一聚合体就可能发展为另一个新的思维饱和点。这一思维饱和点同样可能发生思维发散、混沌、分离和聚合等运动。这样的思维运动可能不断循环继续下去，就如宇宙中有可能不断产生子宇宙一样。未形成创造"关节点"的一组"思维岛"的聚合体还可能发生另一种形式的思维运动，它可能和其他未形成创造"关节点"的"思维岛"聚合体发生更高层次的聚合。小的聚合体可能形成大的聚合体，大的聚合体可能形成更大的聚合体，直到聚合体形成一个创造"关节点"。同样，不同大小的"思维岛"聚合体都可能发生不同层次的思维发散、混沌、分离、聚合等运动。"思维岛"聚合体形成思维饱和点后的再次发散、多个"思维岛"聚合体的聚合以及多个"思维岛"聚合体的聚合体形成思维饱和点后的再次发散等思维运动交织、混合，形成创造性思维的高度复杂性和混沌性。这就使创造主体永远无法真正了解创造性思维的秘密。我们在此的思考也同样无法真正解开这永远的思维之谜，正如我们不可能彻底了解宇宙一样。

以上我们只是试着分析了一下创造性思维的一般特点和规律，并且强调了创造性思维是发散型思维、混沌型思维、分离型思维和聚合型思维等思维活动的协同作用，是逻辑思维、非逻辑思维、潜意识和意识的聚合作用。

但是，我们亦不能否认以某种单一思维形式出现的创造性思维的存在。如单一的发散型思维有可能直接产生创造"关节点"并达到创造目标；创造性思维可以是单一的逻辑思维，科学中的许多创造都是逻辑思维的成果；创造性思维也可以是单一的非逻辑思维，如我们前面提到的波洛克的绘画创作就是典型的非逻辑的创造性思维的运用。当然，人的创造性思维绝不会绝对地以某一种单一的思维形式出现。我们在此的意思是某一种单一的思维形式可能在创造性活动中占绝对优势，而不是指绝对纯粹的逻辑思维或非逻辑思维、发散型思维或混沌型思维，或其他形式的思维。

关于创造性思维的思考还可能涉及许多具体的思维形式和方法，如逻辑的创造性思维中可以有归纳、演绎、比较、分类、类比、外推、抽象、概括、分析、综合等等思维形式和方法；在非逻辑的创造性思维中可以有灵感、直觉、想象、联想、猜测等思维形式和方法。这些具体的思维形式和方法往往是从不同角度、不同领域（如科学领域、艺术领域、哲学领域等）对创造性思维的形式和特点进行分析，因此都有各自的实际意义。关于这些具体的思维形式和方法是人们早已熟知的，在这儿就无需再赘述了。我们在此想强调的是，这些具体的思维形式和方法都可能在发散型思维、混沌型思维、分离型思维和聚合型思维等基本的创造性思维形式中出现。发散、混沌、分离和聚合等思维形式是宇宙基本运动形式在人的思维世界中的再现，是人的思维对宇宙创造力的继承。

创造性思维的整体的形式和特点受多种因素的影响。一个人的世界观、人生观、性格、气质、喜好都可能使创造性思维表现出某种较强的特点或以某种形式为主。从更大的范围上说，不同地域、不同民族的人由于群体文化、习俗、心理等因素不同，在创造性思维上也会表现出不同的特征。不同地域、不同民族的人群的文化、习俗、心理等因素是在长期的社会发展中逐步积淀而成的，而社会发展的动力是社会生产力，因此我们可以认为，社会生产力的发展对不同地域、不同民族的人群的创造性思维的具体特征的形成和定型是有至关重要的影响的。

个体之间的创造性思维的差异由于个体诸因素的不同而存在着。对个体之间的创造性思维的差异的研究只能针对具体对象来进行，因为个体之间的创造性思维的差异随个体的变化而变化。对这种差异的研究显然不太现实，对于发现创造性思维的形式和特点也起不了决定性的作用。从更大范围上，如对不同地域、不同民族的人的创造性思维进行研究对于我们发现创造性思维的具体形式和特点将会有更大的帮助。那么就让我们的思考顺着这个方向前进吧。

思维定势是人的思维的一般规律。人的思维是对客观世界的反映。先进入人脑的客观世界的内容必然在人脑中留下更深的印象；同样，在思维规律（包括创造性思维的形式和特点）的形成过程中，最初和早先产生的思维规律对以后的积淀也会有一种"定势"作用。这就是说，对于一个地域、一个民族的人群而言，他们祖先的早期思维形式和特点对于后来该地域该民族的人的思维形式和特点有决定性的作用。一个地域、一个民族的人群后来的思维形式和特点的积淀很可能只是对祖先早期的思维形式和特点的不断加强和稳固，从而到某一时期终于形成相对稳定的地域或民族的独有的思维形式和特点。一个地域、一个民族的人群的创造性思维的相对稳定的形式和特点的形成也同样受着这种规律的支配。

若要分析一个地域或民族的人群的创造性思维的相对稳定的形式和特点，我们可以从一个地域或民族的人群的早期的创造性思维的形式和特点着手。然而，初民们的思维本身早已随他们的死亡而逝去，我们只能从他们的各种"活"的遗物和"死"的遗物中瞥到那古老思维的残影。这里所谓的"活"的遗物是指在社会发展过程中，存在于人们的生活中并作为生活的一部分流传下来的具有久远历史的社会文化产物，如靠口头流传的神话传说、一些至今仍盛行的古老风俗、宗教仪式、民族舞蹈等。这些"活"的遗物在漫长的社会发展过程中是处于不断变化之中的，因此，它们不是具体哪一代先民的遗物，而是无数代先民的遗物。当然，"活"的遗物中肯定也包含着初民们思维的残影。这里所谓的"死"的遗物是指以较稳定形式保存下来的古代的社会文化产物，如壁画、雕刻、雕塑、建筑、文字记载（如以文字形式记录的神话）等等。从这些"死"的遗物中，也许我们能更直接、更真实地看到初民们的思维所留下的神奇的微红。

我们要分析某个地域、某个民族的人群的早期的创造性思维的形式和特点，从古老的神话着手似乎是一个较好的途径。古老的神话传说可以说是初民们的创造性思维的集中表现。如果初民们的创造性思维的形式和特点确实影响着后代们的创造性思维的形式和特点，那么现今不同地域、不同民族的人群间创造性思维的差异应该在他们各自的祖先们所创造的神话传说中就露出端倪。

东方人和西方人的创造性思维差异

下面我们先来看一看中国人和西方人的创造性思维的形式和特点的差异，然后再分析这些差异是否在两者各自的古代神话中就有所体现。

众所周知，中国人的传统思维模式有很强的直觉性、模糊性，中国人的创造性思维体现了强烈的模糊整合特性。中国的哲学、文学、艺术都把"天人合一"、"物我两忘"、"心物同一"放在最高的层次。中国的传统科学也没有走出思维模糊整合性的神秘之圈。中国传统哲学的本体论和认识论是互补的。中国哲学和养身学紧密相连，中国的哲学家们告诉人们要重视自我身心的修养，自我身心修养的提高才有助于人的智慧的增长、认知能力的加强，所谓的"养心知性以知天"说的就是这个道理。中国古代文学的很大部分是中国哲学思想的具体再现。中国画和西洋画有着许多不同之处。两者与其说是在绘画工具、表现手法上不同，还不如说是创造主体思维方式不同。中国画讲究"留白"，不论是宣纸上的"留白"还是绢或帛上的"留白"，它们内在的创造性思维的特点是一致的。中国画家常常希望在画中表现出"天人合一"、"物我两忘"的哲学思想。中国画特有的"留白"也是由创造性思维的模糊整合性特点决定的。中国的民族音乐和中国画一样有着共同的哲学追求。中国的民族音乐常以音乐形式表现空灵、超越等心灵之境。"高山流水"表现了心境与自然的合一。创造性思维的模糊整合性决定了这种创造方式。中国的传统天文学是和占卜、算卦混同在一起的。客观的天地、星座运动和国家、民族的安危兴衰构成了奇妙的对应关系。中国建筑也和自然之象联系在一起。阴阳风水和楼台宫室的布局、构造是一体的。好的风水作为整体的一部分将给建筑带来好的命运并恩泽其主人，而坏的风水被认为必然损及建筑及它们的主人——中国人常常是这样认为的。中国传统医学也体现了模糊整合性思维的特点。"气"被认为是决定人体是否健康的主要因素。中医的人体是与自然相对应的，因此，中医讲究人体和自然变化的调和，这样就又和中国的养身术和哲学联系在一起。中国的文人自古以来也把学问之间的"融会贯通"看作是一种至高的境界。因此，许多杰出的中国文人精通"琴棋书画"，而且"上知天文，下知地理"。中国人创造性思维的模糊整合性特征是有利于中国文人的求知的。

西方人的思维模式和中国人的思维模式有着很大的区别。西方人的思维模式有很强的逻辑性、解析性。这是和中国人思维的强烈的直觉性、模糊性相对的。直觉是非逻辑的思维，思维的模糊会削弱解析的能力。思维的逻辑解析性和思维的抽象、理性的发展紧密相关。具有较强逻辑解析性的思维在进行创造活动时不可避免地会在整体中创出许多明确的"界限"，因为只有这样才能使这种类型的思维更好地发展下去。西方人创造性思维的逻辑解析性显著地表现在西方科学（特别是西方近代科学）的发展之中。中国人因为创造性思维具有强烈的模糊整合性特点，所以发展了有明显中国特色的技术型、经验型、实用型科学。西方的科学（早期可以归之于哲学）从一开始便体现了强烈的逻辑解析性。希腊第一个哲学家泰勒斯提出世界万物源于水的命题。这一命题的提出是希腊人对自然界形成一套系统的理性看法的开始。泰勒斯对世界从理性角度的追本溯源奠定了西方形而上学的精神。泰氏的学生阿那克西米尼继老师之后提出了万物由气构成的命题。阿氏所说的"气"和中国古代哲学家所说的"气"是有区别的。中国古代哲学家所言的"气"是整体性的，是一种模糊的浑然一体的存在，而阿氏所言的"气"实质上是对整体的一种解析。阿氏注重的是物质的构成物，他的视点落在构成整体的个体上。中国哲学家的眼光则始终盯着整体的存在。阿氏以他的具有强烈逻辑性解析性特点的创造性思维开创了西方哲学的实体构成主义传统。此后，德谟克里特的原子论使西方实体构成主义有了一个较成熟的模型。原子论是西方人创造性思维的逻辑解析性的进一步发展。毕达哥拉斯从另一个途径

——即在对构成方式的探求中发挥创造性思维的逻辑解析的威力。毕达哥拉斯学派认为数是万物的基本形式。他们以高度的抽象和理性思维开辟了西方哲学的形式主义传统。柏拉图从哲学的角度进一步促进了形式主义的发展。亚里士多德百科全书式的创造活动是和他的创造性思维强烈的逻辑解析性分不开的。也许是因为希腊人的创造性思维普遍具有这种特点，希腊科学才有可能成为近代许多科学的伟大源头。西方各种自然科学从希腊化时期开始逐渐从哲学中脱体是西方人创造性思维逻辑解析性进一步加强的很好说明。欧几里得、阿基米德、托勒密分别以《几何学》、杠杆原理和浮力原理、《至大论》使古代世界的几何学、力学、天文学向前迈进了一大步。黑暗的中世纪之后，实验科学的先驱罗吉尔·培根为西方科学的发展揭开了新的一页。欧洲文艺复兴后，西方自然科学飞速发展，各成熟学科的分支越来越多，同时许多新学科不断诞生（特别是从 18 世纪开始）。除属于古典物理科学的天文学、和声学、数学、光学和静力学（托马斯·库恩的分类）之外，电学、磁学、热学、化学都独立地发展起来，生命科学的分支也越来越细，西方人创造性思维的逻辑解析性决定了西方科学不断追求细节问题的发展趋向。这种趋势至今不仅在西方、也在全球加强。自然科学在西方出现时出发点其实是为了给人类建立一个关于外在世界的整体的统一的图像，然而由于西方人创造性思维的特点决定了其通过细节发展来构成整体图像的道路。在这一条道路上，许多探求细节奥秘的创造主体却往往忽视了人们对统一图像的需要。也许，科学在亚微观世界的发现可以使某些创造主体重新认识到世界的统一性。

古老神话的启示

正如我们所知道的一样，人类的思维是对客观物质世界、对自然界的反映，人类的创造性思维首先是在思维世界对人和自然关系进行调节和改变。因此，不同地域、不同民族的人在创造性思维形式和特点上的差异必然集中体现在他们对人和自然关系的处理中。就中国人和西方人而言，二者创造性思维形式和特点的差异即模糊整合性和逻辑解析性的差异也应集中体现在人和自然的关系中。神话是初民们对自身和自然的关系最直接的反映，因此，如果两者创造性思维形式和特点的差异确实存在的话，我们就可以通过对二者的古老神话的分析略知一二。

盘古开天辟地的神话是中国最古老的神话之一。我们下面来看一些关于盘古开天辟地神话的文字记载。

唐代欧阳询等人编撰的《艺文类聚》卷二中引《三五历纪》的文字：

天地浑沌①如鸡子，盘古生其中。万八千岁，天地开辟，阳清为天，阴浊为地。盘古在其中，一日九变，神于天，圣于地，天日高一丈，地日厚一丈，盘古日长一丈。如此万八千岁，天数极高，地数极深，盘古极长……

清代马骕撰《绎史》卷一中引三国吴人徐整著的《五运历年记》中的记载：

首生盘古，垂死化身。气成风云，声为雷霆，左眼为日，右眼为月，四肢五体为四极五岳，血液为江河，筋脉为地里，肌肉为田土，发髭为星辰，皮毛为草木，齿骨为金石，精髓为珠玉，汗流为雨泽，身之诸虫，因风所感，化为黎甿。

《述异记》上也有记载：

昔盘古氏之死也，头为四岳，目为日月，脂膏为江河，毛发为草木。秦汉间俗说：盘古氏头为东岳，腹为中岳，左臂为南岳，右臂为北岳，足为西岳。先儒说：盘古氏泣为江河，气为风，声为雷，目瞳为电。古说：盘古氏喜为晴，怒为阴。吴楚间说：盘古氏夫妻，阴阳之始也……

我们再来看一看和西方文明有很深渊源的希腊神话。说到希腊神话，古希腊赫西俄德的著作《神谱》是值得我们留意的。《工作与时日·神谱》的译者张竹明先生在该书译者序中写道："公元前8—7世纪，希腊社会已进入文明时期，作为氏族社会精神产物的神话至此已基本定型。希腊神话是最丰富的。但由于希腊世界居民在古代曾发生过多次的迁移、冲突、交汇、融合，除各部落氏族自己创造的神话而外，又继承了克里特、迈锡尼的遗产，并在和先进的东方接触中改造吸收了埃及和西亚的神话。因此希腊神话这时呈现纷繁复杂的现象。往往不同的神具有相同的职能和相同的故事，同一个神在

---

① 本书为统一起见，除引文中出现"浑沌"外，其他全用"混沌"。

不同地区又会有不同的职能和不同的故事，如此等等。《神谱》以奥林波斯神系为归宿，把诸神纳入了一个单一的世系，这样就完成了希腊神话的统一。"①《神谱》被视为古希腊最早的个人作家赫西俄德的个人作品，但是，赫西俄德"把诸神纳入一个单一的世系"的创造性工作其实不可避免地吸收了各类希腊神话，或者说他不可避免地继承了广大希腊世界居民的思维成果（包括继承克里特、迈锡尼的遗产，改造吸收埃及和西亚神话的过程中希腊人自身创造性思维的思维成果），因此，《神谱》不仅仅反映赫西俄德的个人创造性思维的形式和特点，其实也反映了整个希腊民族的创造性思维的形式和特点。《神谱》对古希腊人的宗教生活、自然哲学的产生和发展的深远影响是众所周知的，而希腊文明进而又影响了整个西方文明，其中创造性思维形式和特点的传递性影响也是必然的，因此，我们可以认为《神谱》中的神话所包含的创造性思维在某种程度上具有典型性的西方人的创造性思维的形式和特点。下面我们就来看一些《神谱》中的文字：

最先产生的确实是卡俄斯（混沌，英文原文 Chaos），其次便产生该亚（Earth）——宽胸的大地，所有一切［以冰雪覆盖的奥林波斯山峰为家的神灵］的永远的牢靠的根基，以及在道路宽阔的大地深处的幽暗的塔耳塔罗斯（Tartarus）、爱神厄罗斯（Eros）——在不朽的诸神中数她最美，能使所有的神和所有的人销魂荡魄呆若木鸡，使他们丧失理智，心里没了主意。从混沌还产生出厄瑞玻斯（Erebus）和黑色的夜神纽克斯（Night）；由黑夜生出埃式耳（Aether）和白天之神赫莫拉（Day），纽克斯和厄瑞玻斯相爱怀孕生了他俩。大地该亚首先生了乌兰诺斯（Heaven）——繁星似锦的皇天，他与她大小一样，覆盖着她，周边衔接。大地成了快乐神灵永远稳固的逗留场所。大地还生了绵延起伏的山脉和身居山谷的自然女神纽墨菲（Nymphs）的优雅住处。大地未经甜蜜相爱还生了波涛汹涌、不产果实的深海蓬托斯（Potus）。后来大地和广天交合，生了涡流深深的俄刻阿诺斯（Oceanus）、科俄斯（Coeus）、克利俄斯（Crius）、许佩里翁（Hyperion）、伊阿佩托斯（Iapetus）、忒亚（Theia）、瑞亚（Rhea）、忒弥斯（Themis）、谟涅摩绪涅（Mnemosyne）

---

① ［古希腊］赫西俄德著：《工作与时日·神谱》，张竹明、蒋平译，商务印书馆1991年版，1996年印本，译者序第11—12页。

以及金冠福柏（Phoebe）和可爱的忒修斯（Tethys）。他们之后，狡猾多计的克洛诺斯（Cronos）降生，他是大地该亚所有子女中最小但最可怕的一个，他憎恨他那性欲旺盛的父亲。①

中国盘古开天辟地的神话和希腊诸神产生的神话都属于创世的神话。在上面的神话中，我们可以看到其中具有大致相同的思维产物，如最初产生的"浑沌"或"混沌"（下文都作"混沌"）。其实在北欧神话、印度神话、澳洲、非洲、美洲等地的创世神话中，"混沌"或与"混沌"相类似的"神话素"（如印度神话中的"魂"）都是普遍存在的。的确，在蒙昧的原始社会，世界各地、各民族的初民们是具有大致相同的思维方式的。普遍很低的生产力和自我心灵的蒙昧状态使他们运用创造性思维创造了类似"混沌"的共同的"神话素"。在神话的创造过程中，人的非逻辑创造性思维起了决定性作用。初民们的非逻辑创造性思维是一种以混沌型思维为主的创造性思维，也有人称之为"前逻辑思维"。这种思维是处于原始社会的人类普遍具有的思维方式。然而，不同地区、不同民族的人的混沌型的非逻辑创造性思维的细微差别是不可避免地存在的。树叶尚无完全相同的两片，更何况捉摸不定的无形的思维呢？

仔细比较一下中国盘古开天辟地的神话和希腊诸神产生的神话，我们可以发现一些有趣的细微差别。

差别之一：

中国盘古开天辟地的神话中，"混沌"先天存在，并且是自然的，非人格化的。"混沌"是天地的整体统一混合的存在。

希腊神话中，"最先产生的确实是卡俄斯（混沌）"。从表述上理解，卡俄斯（混沌）是产生的，而非先天存在的，并且卡俄斯（混沌）从产生时开始便是人格化的神。他既是人，也是自然物。

差别之一的分析：

中国的初民们似乎具有先天的整体观，并且他们容忍整体以混沌的形式

---

① ［古希腊］赫西俄德著：《工作与时日·神谱》，张竹明、蒋平译，商务印书馆1991年版，1996年印本，第29—30页。（说明：本书作者在引用这段文字时依《工作与时日·神谱》一书附录中的汉希英希腊神名译名对照表在括号内补加了诸神的英文名。）

存在于思维中。他们为这种"混沌"构想了很好的存在形式——"鸡子"（蛋）的形式。他们并不试图解释"混沌"是如何产生的，而将天地的存在归之于"混沌"。这似乎注定了中国人创造性思维的模糊整合性特征。

希腊人似乎一开始便清楚卡俄斯（混沌）是产生的，而不是先天存在的，然而他们当时无法解释卡俄斯（混沌）是如何产生的。希腊人并不强调卡俄斯（混沌）的整体性和混沌性，而强调了他是"最先产生的"这一思想。"产生"是和过程相联系的，思维在解释一事物的产生过程时必然有较强的逻辑解析性（对原始人而言是一种前逻辑）。在"混沌"问题上，希腊人的思维似乎一开始便表现出较强的逻辑解析性，虽然他们其实根本没有解释清楚问题，但他们试图这样做了。

差别之二：

盘古在混沌中产生，在产生之初作为一个独立的、完整的个体出现。他可以说是神，也可以说是人，甚至可以说是自然万物的整合体——因为他是自然万物的前身。

希腊人的卡俄斯（混沌）、该亚（大地）、塔耳塔罗斯（大地幽暗的深处）、厄罗斯（爱神）以及厄瑞玻斯（黑暗）、纽克斯（夜神）、埃式耳（光明）、赫莫拉（白天之神）、乌兰诺斯（天空）、纽墨菲（自然女神）、蓬托斯（深海）等诸神分别以个体的存在代表着自然的一部分或自然界的一种现象。他们都是人格化的神，同时也可以说是自然物——然而却不是整合的自然，而是相对独立的自然物。

差别之二的分析：

中国人的祖先创造性地把自然万物和统一的人体联系在一起，纷繁复杂的自然万物被纳入一个统一的人体之中。他们可能凭直觉感应到自然万物像人体不同器官一样有某种内在联系，所以通过创造性思维把山岳、日月、江河、草木与不同的人体器官建立联系。于是，自然界这一"大人体"便形成了。同时，种种自然现象也和人体性状和人的情感形成了某种巧妙的对应。"大人体"不仅具有了人的"形"，而且具有了人的"情"。创造性思维的模糊整合性于此得到了极好的体现。值得强调的是，上面所言的"形"和"情"是通过中国文化中特别注重的"化"的过程被整合在一个完整的个体中的。

希腊的诸神从一诞生就分别是一种自然物或自然现象，他们都以相对独立的个体出现，如卡俄斯是混沌，该亚是大地，塔耳塔罗斯是大地幽暗的深处，厄瑞玻斯是黑暗，埃式耳是光明等等。作为自然物的混沌或大地、作为自然现象的光明或黑暗与卡俄斯或该亚、埃式耳或厄瑞玻斯之间并没有一个如同中国人所谓的"化"的过程。诸神只是各种自然物或自然现象的简单的人格化。也许是因为希腊人的创造性思维缺乏较强的模糊整合性，所以他们没有像中国人所具有的"化"的思想。希腊人更注重个体的存在。他们以一个神代表一种自然物或自然现象，而不像中国人的神话用一个人（或自然神）的身体的一部分代表（这不是简单的代表，而是有个"化"的过程）一种自然物或自然现象。因此，希腊人其实把兴趣放在了作为个体出现的诸神的"血缘"的联系上，而不是强调自然物或自然现象内在的联系上。中国盘古开天辟地神话对自然物或自然现象内在统一性的强调使它们与人体各部分或人体性状、人的情感反应建立了奇妙的对应关系。人体的各部分、人体的各种性状、人的各种情感反应是统一于一个完整的人体中的，它们的统一性和相互联系要远远大于有血缘关系（即使是最近的血缘关系）的不同的个体。因此，中国盘古开天辟地的神话所包含的创造性思维的模糊整合性要远远强于希腊神话所包含的创造性思维的模糊整合性。希腊神话以独立的个体去代表一种自然物或自然现象，体现了创造性思维较强的解析性，而对诸神之间血缘关系的创造则显示了创造性思维较强的逻辑性。

创造性思维的模糊整合性和逻辑解析性强度的差异是必然表现在思维的产物之中的。模糊整合性必然使整体（整体的形象或个体向整体的发展趋向）在思维产物中占主要地位，而逻辑解析性则必然使个体（个体的形象或整体向个体的发展趋向）在思维产物中身居显位。这一点我们也可以在中国盘古开天辟地的神话和希腊神话中看到。

盘古开天辟地虽然是一个分解整体的行为，然而其实在神话的发展中，神话创造者的思维却从没有把整体分开，而只是在使整体的部分清晰化的同时改变着整体存在的面貌。这说明盘古神话的创造主体的创造性思维同样具有逻辑解析性，然而这种逻辑解析性是在强大的模糊整合性的笼罩之下的。中国盘古开天辟地的神话中，先天存在的"混沌"是一个整体，盘古亦是一个整体，这一整体存在于"混沌"的整体中。盘古身死化万物，这是一个表面的解析过程。盘古肢体、肌肤、毛发所化的万物其实又统一于另一个整体

——统一的自然界中。这个统一的自然界早已暗藏于盘古体内。盘古身死所化的自然界在神话中是在天地之内的，而天地由混沌形成，因此盘古所化的自然界其实仍存在于混沌之中，只不过此时混沌变成了另一种存在形式——变成了天与地，而盘古也变了存在形式——变成了包容万物的自然。盘古开天辟地神话中的整体其实从来没有被破坏（见图 5 – 16）。

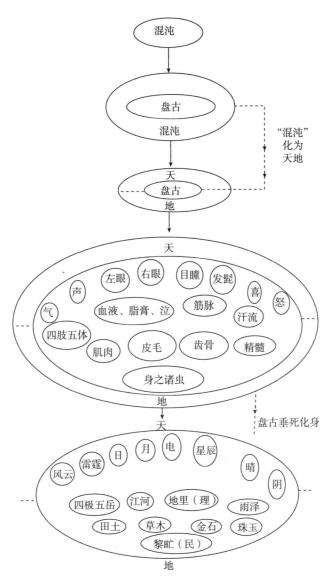

图 5 – 16　盘古开天辟地神话的发展

希腊神话中的整体也是存在的，然而这种整体却被个体的鲜明存在所淡化。最先产生的卡俄斯（混沌）在希腊人的思维中并没有被强调鲜明的整体性，中国盘古开天辟地的神话中用"鸡子"这一形象强调了"混沌"的整体性。因此，希腊神话中最先产生的卡俄斯（混沌）自产生之时起就缺少一种先天的、巨大的整体统摄力。希腊神话中第一个具有较鲜明整体形象的是该亚——宽胸的大地，她是"所有一切的永远牢靠的根基"。然而，第一个具有较鲜明整体形象的大地的整体形象不是盘古神话中浑然一体的"鸡子"，而是一个平面化的圆盘，她的整体性远没有"鸡子"的整体性强。《神谱》的英译者（Hugh G. Evelyn-White）对"所有一切的永远牢靠的根基"有这样的注释："在赫西俄德的宇宙观中，大地是一个圆盘，周围是大洋俄刻阿诺斯，大地飘浮在广阔的水域上。大地被称作万物之根基，因为不仅树木、人类、动物、甚至山丘和海洋都依赖于它。"① "大地是一个圆盘"不仅是赫西俄德的宇宙观，也可以说是希腊人所具有的宇宙观。赫西俄德作为一个历史人物，而且他的创造性工作又是建立在已有的神话基础上的，因此，他的思想必然反映了他所生活的时代和他以前的时代的希腊人的思想。希腊神话中平面化的大地的整体的"形"在神话的发展中逐渐被淡化，一个个鲜明的个体形象不断地产生；这些个体相对于大地这一整体而言，有的依附其上，有的地处其下，有的则在其周围。大地的整体只是"根基"，而不是统摄一切的更高的整体——在中国神话中，处于最高位置的整体是最初产生的"混沌"。大地的整体的"形"由于缺乏强大的整体统摄力，因此不可避免地被淡化。在希腊神话的发展中，分支不断产生，个体不断诞生；分支和个体没有复归于一个整体——这一整体是先天"乏力"的（见图 5-17）。

差别之三：

中国盘古开天辟地的神话中，盘古从自然中产生，最后又复归于自然。盘古是人神同一体，在盘古神话中，这个同一体从来没有超越过自然。自然是盘古神话中真正的胜利者；自然始终处于最高地位。

希腊神话中的诸神是自然万物和自然现象人格化的产物。人格化的过程

---

① ［古希腊］赫西俄德著：《工作与时日·神谱》，张竹明、蒋平译，商务印书馆 1991 年版，1996 年印本，第 29 页。

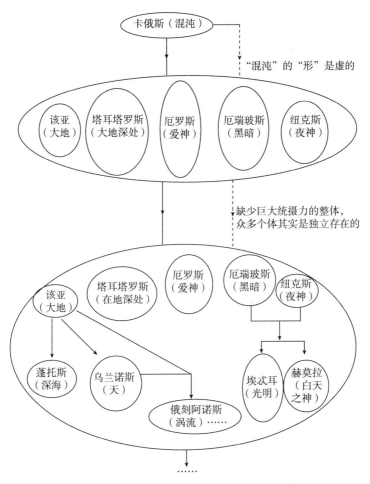

图 5-17　《神谱》中希腊神话的发展

可以说是人的精神对自然的征服，自然其实成了人的精神的征服对象。这是
人的胜利。在希腊神话中，自然其实已退居次位。

差别之三的分析：

盘古这一人神同一体产生于自然、复归于自然的过程也是中国人的祖先
的创造性思维具有较强的模糊整合性的很好说明。创造性思维的模糊整合性
决定了不同独立个体聚合融汇的趋势。潜在的整体就像一个巨大的引力场，
任何独立个体都逃脱不了它的引力。盘古神话中最大的整体就是"混
沌"——最初这一整体是显在的，而后变成为潜在的整体。这一整体的"形"
其实囊括了一切。盘古神话中任何独立的个体其实从未真正独立，它们都在

一个巨大无比的整体的统辖之下。

凌驾于一切之上的整体使盘古神话中任何个体显得渺小无力。盘古虽然一日九变，日长一丈，但却不可能超越天与地；盘古活了一万八千岁，但还是不可避免地要死去化身为自然万物，或者说复归于自然。自然是不可超越的，自然是永恒的。盘古的命运是悲壮的命运，是我们的祖先用原始的思维对客观规律所作的浪漫思考。盘古是神话中一个除混沌、天、地之外形体最大的个体。这一个体相对于混沌、天、地仍是显得渺小而乏力。盘古又是一些更小的个体的整合。这些更小的个体就是盘古的身体各部分。盘古的人体性状和情感也可以看成是一些小的个体。由盘古化身而成的自然万物从根本上受制于混沌、天、地和整体的自然。巨大的日、月由眼化成，奔腾的江河由血液化成，延绵高峻的山岳由四肢五体化成等等由创造性思维创造的奇妙联系，一方面强调了自然万物之间的联系，另一方面也把任何巨大的单个的自然物纳入笼罩着一切的最高整体之中。不论是太阳、月亮，还是江河、山岳，在我们祖先的思想中就像人体的眼睛、血液、四肢五体一样只不过是整体的小小的构成部分。

盘古神话中的人尤其显得渺小而无力。黎甿（民）是由盘古"身之诸虫"化身而成的，人只不过是自然中的小小"虫子"而已。如果我们的祖先有机会站到月亮上或卫星上看一看地球，他们可能会在惊诧的同时也为自己的创造性思维感到骄傲。的确，我们可以说他们以原始的思维形式找到了人在整个自然界中的位置。意识到人的渺小是创造性思维的模糊整合性加强的重要原因。因为渺小，所以要融于整体，也必须融于整体中；渺小的人不可能超越自然；人本来和自然就应是统一的。这样的思想就必然使创造性思维具有较强的模糊整合性。因为利用模糊整合性，才能更好地实现个体的聚合融汇以及个体向潜在整体的融汇。

希腊神话中最大的整体其实是苍白无力的，它也从没有过鲜明的"形"。这我们在差别之二中已提到了。从最大的整体开始，就决定了希腊神话中自然的地位——自然其实始终处于次要位置。真正处于主要地位的是人神同构的神，或者从根本上说是有喜怒哀乐、七情六欲的人。最美的爱神厄罗斯"能使所有的神和所有的人都销魂荡魄呆若木鸡，使他们丧失理智，心里没了主意"；厄瑞玻斯（黑暗）和纽克斯（夜）可以相爱；乌兰诺斯（天空）有旺盛的性欲；克洛诺斯狡猾多计。所有这些，都反映了自然在创造主体的思想中已屈从于人的精神的支配。自然在希腊人的思想中成了被征服的对象——首先是精神上的征服。要征服自然，首先是要使人独立于自然。希腊神话中的诸神虽然是神而不是人，但他们实际上充当了人征服自然的替身。诸神在整体的自然中不断以个体的形式一个个诞生，从某种意义上说是人通过自己的替身对整体的自然进行解析的过程。这一解析过程反映了人要求独立于自然的愿望（自然从整体到个体的解析过程和人摆脱自然的控制成为相对独立的个体的发展在运动形式上是一致的，即都是分离的运动形式）。这种思想也有助于创造性思维的逻辑解析性的加强。因为利用逻辑解析性，将有助于人独立于自然并更好地解析自然。

通过以上对中国盘古开天辟地神话和《神谱》中希腊诸神创世神话的比较性思考和分析，我们不难发现，中国人和与希腊有渊源的西方人的创造性思维形式和特点之间的差异，在各自早期的神话中已露出迹象。中国人的创造性思维有较强的模糊整合性，西方人的思维有较强的逻辑解析性；中国人的创造性思维有较多的聚合思维，西方人的创造性思维有较多的分离思维。

如果思维世界也可分为宏观和微观，那么我们在分析中国人和西方人创造性思维的形式和特点的差异时所说的较强的模糊整合性或逻辑解析性、较多的聚合思维或分离思维都是从宏观角度看创造性思维。而我们在分析神话之前所分析的创造性思维的发散型、聚合型、混沌型、分离型等基本创造性思维形式则可以说是从微观角度分析创造性思维的活动规律。整个神话故事的创造从整体上反映着创造性思维的宏观的形式和特点，然而一些单个的"神话素"，如盘古、卡俄斯（混沌）等的创造却和创造性思维的微观运动密切联系。盘古、卡俄斯（混沌）等"神话素"的创造可能都运用了创造性思维的发散、混沌、聚合、分离等运动形式。创造性思维的发散、混沌、聚合、分离等基本运动形式具有普遍性的意义，它们可能发生在任何创造活动中。当然，在这种思维微观世界的内部运动中，创造性思维的发散、混沌、聚合、分离等运动会因创造活动的内容、性质不同也有主次之分，各种思维运动发生作用的时间长短也会不同。到底哪种思维运动起了更多的作用、作用的时间更长些，我们也许永远不可能完全弄清楚。也许这就是创造性思维的秘密之所在。

中国和西方早期神话所反映出的创造性思维形式和特点的差异对中国和西方文明发展中的各种创造活动有多方面的深远影响。在此，我们略提一点影响：创造性思维形式和特点的差异对人在创造性活动中处理人和自然关系的影响。我们说过，创造性思维的形式和特点集中表现在处理人和自然的关系上。正如盘古神话中的自然处于最高地位，"混沌"凌驾于一切之上，中国五千年的文明一直把自然放在最高的位置，不论哲学、艺术，或是文学、科学都强调"天人合一"、"物我同化"，追求人向自然的回归，从自然界中寻找最高的均衡与和谐。中国画逐渐发展为以山水、花草为主而人居次是一个很好的说明。西方文明的发展史则似乎是一部人类企图征服自然的历史。近几个世纪以来人欲的膨胀尤为明显。自然在希腊神话中其实已处于人的对立面，西方人不强调人和自然的融合，而强调怎样揭开自然之谜进而征服自然。文艺复兴使人的地位得到前所未有的提高，这难道会没有希腊神话中有情、有欲、有喜、有悲的诸神的一点功劳吗？和中国画相反，西洋油画中的主角一直是人（或人形的神）。世俗的真正意义上的人更成为西方画家倾力描绘的对象。中国文明和西方文明发展过程中所表现的特征绝不是一时或偶然形成的，两者创造性思维的差异也同样有一个产生、积淀、强化和稳定的过程，他们各自最最原始的神话创造也许就包含了创造性思维差异开始出现的萌芽。

创造性与孤独

创造性思维的世界比最美妙的万花筒中的图景还要美妙。人类最大的快乐也许就是游弋于创造性思维的世界或用创造性思维创造世界。人不知"存在"何时开始存在，人不知"我"的存在开始于何时——两个主要始点的缺失使人类处于先天的惶恐不安之中。永恒的不确定性是人类永远逃脱不了的神秘之网。两个主要始点缺失造成的惶恐不安和在永恒的不确定性面前的渺小乏力也许是人类所有痛苦的产生之源。为减少不确定性的努力，对增加确定性的追求就是创造的动因。创造是人类消除痛苦、寻找快乐的最重要的手段，也许也是唯一真正有效的手段。

然而，创造往往不能使人直达快乐之境。从痛苦向快乐的过渡中，"孤独"是任何创造者都必须经历的险关。创造活动是对不确定性的否定，是对新的确定性的创造。创造的这一性质决定了创造过程中创造主体的"孤独"之境的产生。这里所说的"孤独"并不是指我们日常生活中一般意义上的"孤独"。我们通常所谓的"孤独"是指一个人孤单的生存状态或者一个人情感上的孤独。在创造中的"孤独"是一种根本意义上的"孤独"，是创造主体负载着创造出的新的确定性引起的"孤独"。新的确定性除了创造主体的肯定之外未得到普遍的肯定是一种本质的"孤独"，也是"孤独"的本质。任何创造主体都要在创造中经历创造之"孤独"。

为了创造新的确定性，创造主体必须做到的是尽可能掌握已有的确定性而后创造出已有的确定性之外的新的确定性。然而。确定性处于永恒的流变之中，因此，创造主体通常通过否定不确定性来肯定新的确定性的存在。新的确定性产生之初总是"孤独"地存在于创造主体的思维中。新的确定性的存在使创造主体的思维世界有一个本质"孤独"的部分，创造主体因此必然经历一个"孤独"的过程。这一过程可长可短。当创造主体思维世界中的新的确定性依附于它的物质载体而被普遍肯定时，创造主体的这一部分"孤独"才被消除。然而，新的确定性也处于永恒的流变中，新的确定性产生新的不确定性。这样，积极的创造主体就可能永远处于一种本质的"孤独"状态。

消极的创造主体可以处于一种本质的"非孤独"状态。消极的创造主体使自己受控于永恒流变中的不确定性。一个消极的创造主体和其他消极创造主体一样往往懒于和不确定性作抗争，他们都被动地处于不确定性主动的流变中，这是一种被动的"非孤独"。人类的大部分都作为消极的创造主体而存在，这就是我们通常所说的芸芸众生或平常人。永恒的不确定性就是芸芸众生所谓的"命运"。"命运"是不存在的，它只不过是永恒的不确定性而已。永恒的不确定性带来本质的痛苦，永恒的不确定性也造成一种消极的稳定，消极的稳定是对本质的痛苦的一种很好的麻醉。这种麻醉是人类的惰性之源。人如果追求消极的稳定，也就是屈服于永恒的不确定性，人活在被麻醉的本质痛苦之中，真正的创造精神也将被自身和惰性所吞没。惰性和创造永远是死敌。惰性和创造产生两种性质的力，前者产生消极之力，后者产生积极之力。

积极的创造活动是对本质痛苦的挑战。这种挑战可以说是悲壮之举。因为，对本质痛苦的挑战必然经历本质的"孤独"。一旦进入本质的"孤独"之境，创造主体其实只给自己留下了唯一的解脱之途，那就是"创造"。本质的"孤独"可能产生比本质的痛苦更为深刻的痛苦。因此，创造主体常常以更为深刻的痛苦为代价来换取本质的"快乐"。但是，创造主体以更深刻的痛苦换取的本质的"快乐"往往无法给其自身带来表面的世俗的快乐，却能给世人带来世俗的快乐甚至是本质的快乐。伟大的创造主体往往给人类带来完全意义上的快乐。

伟大无私的创造

从这种意义上看，任何积极的创造活动都具有伟大的无私成分，都可能发展成为最伟大的无私活动；任何积极的创造活动都是一种升华的"给"。创造者本人在内心体验到不可遏制的"给"的力量，这种力量促使其去创作。这种"给"是向世界展示自己、表现自己——当然不是为了报酬，而是因为"给"——通过艺术、科学、哲学等创造得以实现。这样，创造者本人才感到快乐。这种快乐是对本质的"孤独"的积极的解脱，也是对人类的馈赠的回报。

科学、艺术、哲学等创造活动无疑是人类伟大无私的"给"的最高升华。科学家、艺术家、哲学家的孤独从某种意义上说是因为他们比一般人更关心世界和人类。他们会忘却某个单个的人——包括他们自己，他们关心的是属于整个世界和人类的东西。这些东西是他们所要发现和创造的。他们不敢确认这些东西是否在世界中存在，而他们去创造的目的就是企图证明这些东西可以存在。一旦这些东西被他们创造出来，那么世间的不确定性便减少了一分，他们便在世间中又增添了一些与"不可知"联系起来的纽带。因此，更确切地说，艺术家、科学家、哲学家等创造者对人类和世界的关心是为了在不可知的世界中减少不可知性。而不可知性属于整个世界和人类，因此，艺术家、科学家、哲学家的孤独其实是一种最高意义上的博爱。《圣经》上说：爱人应如爱己。艺术家、科学家、哲学家的爱把对象从自己、他人扩展到整个人类和世界。这种爱不只是停留在世俗层面上的爱，而是奔向更高层次的对减少不可知性的爱、是对减少不确定性的爱。不确定性的减少可以使整个人类在世界上的存在多一分安稳性和对存在的确定性。因此，不确定性的减少无疑是对整个人类的最伟大的爱的赐予。

我们每一个人都一定感受过伟大的创造赐予我们的爱。如果"永恒"存在的话，这种爱将和"永恒"同在。我们相信，不确定性是永恒的，创造活动本身是永恒的，因此我们也相信伟大的爱将和创造活动同在。伟大的爱必将传递宇宙固有的均衡与和谐的伟大恩泽。当我们在此体验这伟大恩泽的无限爱意之时，我们关于创造的思考也就告一段落了。

我想你和我一样一定会继续关于创造的思考，因为这是我们体验创造活动之无限爱意和献出自己无限爱意的永存之途。这也是我们的创造。

责任编辑:张　燕

封面设计:赵　畅

责任校对:周　昕

图书在版编目(CIP)数据

创意思维:关于创造的思考/何辉 著. —北京:人民出版社,2016.5
ISBN 978－7－01－016106－8

Ⅰ.①创…　Ⅱ.①何…　Ⅲ.①创造性思维-研究　Ⅳ.①B804.4

中国版本图书馆 CIP 数据核字(2016)第 080156 号

创意思维:关于创造的思考

CHUANGYI SIWEI GUANYU CHUANGZAO DE SIKAO

何　辉　著

人民出版社 出版发行

(100706　北京市东城区隆福寺街 99 号)

北京龙之冉印务有限公司印刷　新华书店经销

2016 年 5 月第 1 版　2016 年 5 月北京第 1 次印刷
开本:710 毫米×1000 毫米 1/16　印张:13.25
字数:210 千字

ISBN 978－7－01－016106－8　定价:32.00 元

邮购地址 100706　北京市东城区隆福寺街 99 号
人民东方图书销售中心　电话 (010)65250042　65289539